A STORY OF

SIGNALS AND SYSTEMS

大话信号与系统

岳振军　王渊　余璟　陈姝

◎著

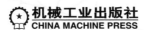

机械工业出版社

CHINA MACHINE PRESS

本书以跨越时空的奇妙故事、妙趣横生的诙谐语言、浅显易懂的生活案例和新颖奇特的说理方式阐释了"信号与系统"课程的思想方法、基本概念和基本原理，为课程教学中的若干疑难问题提供了易学易用的解决方案。本书以章回体小说的形式介绍和解释严谨的科学道理，不仅在形式上有较强的创新性，而且内容也很具启发性和可读性，对把握"信号与系统"课程思想、理解概念和掌握方法都有较大的帮助。

本书可作为高等学校相关专业学生学习"信号与系统"课程的参考读物，对讲授"信号与系统""高等数学""电路分析基础""通信原理"等课程的青年教师也有较大的启发作用。本书还可供相关领域的青年科技工作者参考。

图书在版编目（CIP）数据

大话信号与系统 / 岳振军等著. —北京：机械工业出版社，2021.9
（2022.10 重印）

ISBN 978-7-111-69008-5

Ⅰ . ①大… Ⅱ . ①岳… Ⅲ. ①信号系统－高等学校－教材 Ⅳ.①TN911.6

中国版本图书馆 CIP 数据核字（2021）第 171836 号

机械工业出版社（北京市百万庄大街 22 号 邮政编码 100037）

策划编辑：李馨馨 责任编辑：李馨馨 秦 菲

责任校对：李 伟 责任印制：常天培

北京联兴盛业印刷股份有限公司印刷

2022 年 10 月第 1 版第 4 次印刷

169mm×239mm · 12 印张 · 1 插页 · 179 千字

标准书号：ISBN 978-7-111-69008-5

定价：69.00 元

电话服务　　　　　　　　　网络服务

客服电话：010-88361066　机　工　官　网：www.cmpbook.com

　　　　　010-88379833　机　工　官　博：weibo.com/cmp1952

　　　　　010-68326294　金　书　网：www.golden-book.com

封底无防伪标均为盗版　机工教育服务网：www.cmpedu.com

谨以此书

致　　敬

创设信号与系统课程的先贤

以及

为本课程建设做出巨大贡献的前辈们

——前　言——

　　信息是信息时代的灵魂。信息生产、传递、分析处理和应用的原理、方法和技术是信息类专业学生必须掌握的核心知识。信息必须由信号携带，经系统处理或传输。"信号与系统"因而成为信息类专业学生的基础性课程，在其学习过程中具有里程碑式的意义。

　　"信号与系统"以电信号通过电系统为场景，介绍信号与线性系统分析的概念、理论和方法，是数学、物理等基础课程与后续专业课程"数字信号处理""通信原理"等之间的桥梁，也是应用科学原理解决工程问题的典型范例。深入理解"信号与系统"的概念、原理及其所蕴含的科学思想不仅是学好后续专业课程的前提，而且对提升科学思维能力具有重要的意义和价值。

　　对许多人来说，"信号与系统"是一门难度很大的课程，其主要难点在于：第一，其许多概念与常识有差异，难以理解；第二，现行教材中许多原理的表述超出学生课业基础和认知能力的适用范围，相应的方法难以理解和应用。为了帮助学习"信号与系统"课程的学生更好地理解此课程博大精深的思想方法，本书选择了课程中较难理解的若干个知识点，以故事的形式串联在一起，用引人入胜的故事情节和幽默诙谐的语言尽可能地解释清楚其中的来龙去脉及其与数学、物理之间的内在关系。与其他教材或参考书相比，本书有如下特点。

　　1. 本书侧重于对课程科学思维方法的解读和介绍

　　任何一门课程，都包含着思想、原理、方法等要素，在大多数场合，尤其是工程类院校，原理和方法以及利用原理和方法解题是课程教学的重点。但从人才成长的角度来看，思想却有着更为重要的意义。首先，思想有普适性，而原理和方法相对狭隘；其次，方法可能会过时，但思想却不会。本书不以解题为目标，只关注方法的产生过程及其中涉及的思维方式，相信对帮助读者深入理解课程内容会有一定的作用。

2．本书表达方式灵活，能够说清教材无法说清的问题

本书不是教科书，不必像教科书那样严谨、系统，因而有更加强大的表现力。书中涉及数学、电路分析、物理、通信原理、信号处理等与"信号与系统"相关的多门学科知识点，更加便于读者理解"信号与系统"的相关概念、方法和应用场景。

3．本书语言通俗，易读易懂

为说明问题书中编排了许多有趣且足以阐明道理的小故事、小事例，以戏谑诙谐的笔调讲述作者对相关知识的理解，与其他著作相比，理解起来可能会更加容易。

本书不宜作为教材，但可以作为学习"信号与系统"课程的学生的课余读物，也可以供讲授"信号与系统"课程的青年教师参考，同时对信息技术领域的从业人员，相信也会有一定的启发作用。对其他想了解"信号与系统"课程概貌的读者，本书也提供了一条便捷的通道。

阅读本书需要有微积分、线性代数和电路分析的基本知识以及一定的幽默感。本书不仅有趣味，更是一本有温度的科普读物。读完本书，不但可以在学问上有所长进，在情感和人格上，也一定会更丰满。

本书由岳振军、王渊、余璟和陈姝共同创作。创作过程中，陆军工程大学周雷副校长、通信工程学院王向东处长（现为指挥控制工程学院院长）以及其他许多领导、同事给予了作者巨大的鼓励和支持，提供了许多非常有价值、有意义的创意和思路。陆军工程大学基础部数学教研室刘海峰教授化身"柳海风"在书中为数学代言，陆军工程大学通信工程学院贾永兴教授化身"甄德行"在书中为"信号与系统"课程代言，陆军工程大学通信工程学院陈姝老师化身"新珠"为"电路分析基础"课程代言并参与本书创作。陆军工程大学通信工程学院在读博士生白韡同学提供了自己的学习经历和若干思考，并自荐成

为书中的一个角色。丁国如教授、赵继勇教授热情鼓励作者公开出版此书并积极联系出版社。空军工程大学李彦明、信息工程大学化长河教授为本书提供了非常好的创意，空军工程大学朱慧玲教授、武警工程大学李玮老师通读了本书初稿，纠正了其中谬误并提出了非常好的修改建议。机械工业出版社的李馨馨编辑为本书提出了非常具有建设性的建议并付出了大量的心血，在此一并致谢。

以这种风格编写自然科学类课程的参考书不仅需要对课程本身有深刻的理解，更需要有过硬的文学创作基本功和数学、科学史方面的素养，可惜作者在这些方面都有所欠缺。作者殷切期待，看到本书的读者能从各个角度提出批评意见，以便作者对本书做进一步修改，期待有一天，本书能够得到更多读者的认可与喜欢。

需要郑重声明的是：书中故事，纯属虚构，书中对历史人物的调侃均出于剧情需要，不表示作者对前人的不敬。

作者在邮箱：276470068@qq.com 等待您的指教。

—— 本书人物谱 ——

本书涉及的人物分为三类：真实的历史人物、现实人物和虚拟人物。

1. 真实的历史人物（摘编自网络资料）

（1）艾萨克·牛顿（Isaac Newton，1643—1727）：英国人，著名的物理学家、数学家，与莱布尼茨并称为微积分的创始人。本书的立意之一，是在微积分的思想与方法框架下，建立"信号与系统"课程的思想方法基础，本书中，牛顿是微积分思想与方法的代言人。

（2）戈特弗里德·威廉·莱布尼茨（Gottfried Wilhelm Leibniz，1646—1716）：德国自然科学家、哲学家、数学家。他和牛顿先后独立发现了微积分，而且他所使用的微积分的数学符号被普遍认为更综合、适用范围更加广泛，并一直沿用至今。

在微积分的创立上，牛顿与莱布尼茨都做出了杰出的贡献。可是，数学史上围绕微积分的发明权却发生了一场历时百年的争论。直到牛顿与莱布尼茨都去世了，争论依然没有平息。现在，人们普遍认可，二人独立地创立了微积分，共享荣誉。

（3）伯纳德·布尔查诺（Bernard Bolzano，1781—1848）：捷克数学家、哲学家。布尔查诺的主要数学成就涉及分析学的基础问题。他在《纯粹分析的证明》中对函数性质进行了仔细分析，在柯西之前首次给出了连续性和导数的恰当定义；对序列和级数的收敛性提出了正确的概念。在 1834 年撰写但未完成的著作《函数论》中，他正确地理解了连续性和可微性之间的区别，在数学史上首次给出了在任何点都没有有限导数的连续函数的例子。

（4）奥古斯丁·路易斯·柯西（Augustin Louis Cauchy，1789—1857）：法

国数学家。在数学领域有很高的建树和造诣。很多数学定理和公式也都以他的名字来命名，如柯西不等式、柯西积分公式等。1821年提出极限定义的方法，后经魏尔斯特拉斯改进，成为现在所说的极限定义。现在的微积分教科书都还沿用着柯西等人关于极限、连续、导数、收敛等概念的定义。柯西对定积分做了最系统的开创性工作，他把定积分定义为和的"极限"。

（5）卡尔·特奥多尔·威廉·魏尔斯特拉斯（Karl Theodor Wilhelm Weierstrass，1815—1897）：德国数学家。魏尔斯特拉斯在数学分析领域中的最大贡献，是在柯西、阿贝尔等开创的数学分析的严格化潮流中，以 $\varepsilon\text{-}\delta$ 语言，系统建立了实分析和复分析的基础，基本上完成了分析的算术化。今天，分析学能达到这样和谐可靠和完美的程度，本质上应归功于魏尔斯特拉斯的科学活动。

（6）格奥尔格·康托尔（Georg Cantor，1845—1918）：德国数学家，集合论的创始人。康托尔从研究三角级数收敛的实数集开始，用一般的几何语言研究无限集的势、序等概念，建立了超限数理论。著有《集合论基础》《超限数理论的建立》等。

（7）纽汶蒂（B. Nieuwenty，1654—1718）：荷兰物理学家，曾在其著作《无限小分析》中指出牛顿的流数术概念不清，以及莱布尼茨的高阶微分缺乏根据。

（8）乔治·贝克莱（George Berkeley，1685—1753）：18世纪最著名的哲学家、近代经验主义的重要代表之一，对后世经验主义的发展起到了重要影响。为了纪念他，加州大学的创始校区定名为加州大学伯克利分校（University of California，Berkeley）。贝克莱曾提出了"贝克莱悖论"，指出微积分初创理论中的缺陷。

（9）欧几里得（约公元前330—公元前275）：古希腊数学家，被称为"几何之父"。他最著名的著作《几何原本》是欧洲数学的基础。欧几里得在本书中代表微积分创立之前的数学先贤。

（10）鲁班（公元前507—公元前444）：春秋时期鲁国人，鲁班的名字实际上已经成为中国古代劳动人民智慧的象征。2000多年来，人们把古代劳动人民的集体创造和发明也都集中到他的身上。因此，有关他的发明和创造的故事，实际上是中国古代劳动人民发明创造的故事。鲁班在本书中代表工程领域的先贤们。

（11）亚里士多德（Aristotle，公元前 384—公元前 322）：古希腊人，世界古代史上伟大的哲学家、科学家和教育家，堪称希腊哲学的集大成者。他是柏拉图的学生，亚历山大大帝的老师，在本书中为科学思想代言。

（12）秦九韶（约 1208—约 1268 年）：南宋著名数学家，与李冶、杨辉、朱世杰并称宋元数学四大家。精研星象、音律、算术、诗词、弓、剑、营造之学。1247 年完成的著作《数书九章》对数学发展具有世界级的贡献。正是由于他以及后来者的努力，使得多项式成为人们最熟悉、数学上最简单的函数。本书中秦九韶是多项式理论的代言人。

（13）莱昂哈德·欧拉（Leonhard Euler，1707—1783）：瑞士数学家、力学家、天文学家、物理学家。欧拉是 18 世纪数学界的杰出人物，他不但为数学界做出贡献，更把整个数学推至物理的领域。他是数学史上最多产的数学家，平均每年产出八百多页的论文，还撰写了大量有关力学、分析学、几何学、变分法等方面的书籍，《无穷小分析引论》《微分学原理》《积分学原理》等都是数学界中的经典著作。欧拉对数学的研究非常广泛，因此在数学的许多分支中也可经常见到以他名字命名的重要常数、公式和定理。

（14）约翰·彼得·古斯塔夫·勒热纳·狄利克雷（Johann Peter Gustav Lejeune Dirichlet，1805—1859）：德国数学家，历任柏林大学和哥廷根大学教授，柏林科学院院士。他是解析数论的创始人之一，对函数论、位势论和三角级数论都有重要贡献。本书中的形象描述不代表其本人。

（15）阿尔伯特·爱因斯坦（Albert Einstein，1879—1955）：现代物理学家，在物理学多个领域均有重大贡献。1921 年，因其在理论物理学方面的突出贡献，尤其是发现光电效应定律，获得诺贝尔物理学奖。

（16）克劳德·艾尔伍德·香农（Claude Elwood Shannon，1916—2001）：美国数学家、信息论的奠基人。提出所有信息均可用数学的方法得到表征，都可以拆解为"0"和"1"的连续体，为现代信息技术提供了理论基础。

（17）奥本海姆（Alan V. Oppenheim）：分别于 1961 年和 1964 年在麻省理工学院（MIT）获得电子工程专业硕士和博士学位，因其出色的研究和教学工作多次获奖，其中包括 1988 年 IEEE 教育勋章、IEEE 成立百年杰出贡献奖、IEEE 在声学、语音和信号处理领域的社会与技术成就奖等。著有《信号与系统》和《离散时间信号处理》，《信号与系统》一书是美国麻省理工学院经典教材之一，而《离散时间信号处理》也是离散（数字）信号处理的开山之作，这两本书是电子、通信等学科的权威之作，其权威性由国内相关教材对其参考、引用程度可见一斑。

（18）梅森（S. J. Mason）：美国麻省理工学院教授，创立了自动控制原理中的信号流图和梅森公式。

（19）奈奎斯特（Nyquist，1889—1976）：美国物理学家。曾在美国 AT&T 公司与贝尔实验室任职。奈奎斯特为近代信息理论做出了突出贡献。他总结的奈奎斯特采样定理是信息论、特别是通信与信号处理学科中的一个重要基本理论。

（20）狄拉克（Paul Adrien Maurice Dirac，1902—1984）：英国理论物理学家，量子力学的奠基者之一，对量子电动力学早期的发展做出重要贡献。本书对狄拉克性格的描述不代表其本人。

（21）施瓦尔茨（L.Schwartz，1915—2002）：法国数学家。用泛函分析观点为广义函数建立了一整套严格的理论。

（22）舍盖·刘维奇·索伯列夫（Сергéй Львóвич Сóболев，1908—1989）：苏联数学家，主要研究领域是数学分析及偏微分方程。索伯列夫将古典导数的概念予以抽象化，扩大了微积分技巧的应用范围，1935 年首次引进广义函数论，后来由施瓦尔茨继续深入研究。

（23）伊斯雷尔·盖尔范德（Израиль Моисеевич Гельфанд，1913—2009）：出生在乌克兰的犹太裔数学家。专长泛函分析，是一位多产的数学家。

（24）让·巴普蒂斯·约瑟夫·傅里叶（Baron Jean Baptiste Joseph Fourier，1768—1830）：法国数学家、物理学家。在研究热的传播和热的分析理论时创立了一套数学理论，对 19 世纪数学和物理学的发展都产生了深远影响。傅里叶变换的基本思想首先由傅里叶提出。

（25）皮埃尔-西蒙·拉普拉斯（Pierre-Simon Laplace，1749—1827）：法国分析学家、概率论学家和物理学家。1812 年发表了重要的《概率分析理论》一书，在该书中总结了当时整个概率论的研究，论述了概率论的应用，导入"拉普拉斯变换"等。

2. 现实人物

（26）柳海风：原型是作者所在单位资深数学教授，长期讲授"高等数学"课程，本书中为数学代言。

（27）甄德行：原型是作者所在单位信息与通信工程专业教授，长期讲授"信号与系统"课程，本书中为"信号与系统"代言。

（28）新珠：原型是作者所在单位优秀青年教师，长期讲授"电路分析基础"课程，本书中为"电路分析基础"代言。

（29）摆尾：原型是作者所在单位优秀在读博士生，柳海风教过的学生。

3. 虚拟人物

取名规则受启于武侠小说《天龙八部》，谨以此向金庸大师致敬。

（30）叶公好龙：傅里叶的大弟子。

（31）落叶知秋：傅里叶的二弟子。

（32）枝繁叶茂：傅里叶的三弟子。

（33）金枝玉叶：傅里叶的四弟子。

（34）斯里兰卡：拉普拉斯的大弟子。

（35）南斯拉夫：拉普拉斯的二弟子。

（36）巴基斯坦：拉普拉斯的三弟子。

（37）毛里求斯：拉普拉斯的四弟子。

（38）马尔维纳斯：拉普拉斯的五弟子。

目　录

CONTENTS

华堂喧嚣赞牛顿

亚老妙计定乾坤

———————————

寒酸但不失厚重感的大厅里人声鼎沸，人们发自内心地述说着各种恭维、颂扬的话，脸上甚至带着奉承的笑。作为人类历史上令人瞩目的大师牛顿⊖，这一天也一改其冷傲不可接近的做派，亲切地向每一个对他欢呼的人打招呼。微积分的发明使他成为有史以来最了不起的人物，以至于到今天人们还把那些有本事的人称为"牛人"——牛顿那样的人。

这是数学界的狂欢日。与莱布尼茨的争议达成了妥协，布尔查诺、柯西、魏尔斯特拉斯和康托尔等各路大神纷纷自发力挺牛顿，以不容置疑的严密逻辑和华丽语言为微积分建立了扎实的理论基础，纽汶蒂、贝克莱等一些有名望的反对派已经偃旗息鼓，举手投降。微积分已经成为一种圣明的理论和强大的技术，即将开启人类的新纪元。天文、地理、航海、物理、机械等领域的"订单"纷至沓来，都在期待着微积分能把各自所在的领域从绝望的泥淖中挽救出来。

———————————

⊖ 牛顿和莱布尼茨对微积分的发明都有着奠基性的贡献，在当时曾经引起过剧烈的争执。在牛顿和莱布尼茨所处的时代，微积分的理论并不成熟。在随后的几百年里，一大批数学家如布尔查诺、柯西、魏尔斯特拉斯和康托尔等为微积分理论的完善做出了巨大的贡献，使之成为现代科学技术的公共基础，进入大学一年级新生的教科书。微积分提供给其他学科的，不仅是一种技术，更重要的是一种思想方法，本章总结了信号与系统课程中用到的来自于微积分的思想方法，读者可以在后面的学习中体会。

牛顿以赞许的目光望向远方，他看见欧几里得骄傲地举起了酒杯。

突然，大门外响起了一声惊雷般的大喊。大厅里立马安静了下来，人们惊异地望向门外：是谁这么扫兴，竟在这神圣的时刻来捣乱？

门外，一个虬髯大汉怀抱一把利斧，大踏步走了进来。

"鲁班！"祖冲之情不自禁地小声喊了起来。他悄声向身边人介绍，这是一个工程大师，善使利斧来制造各种器械，是"斧头帮"的开山鼻祖。

牛顿对鲁班其实是很敬重的，并且牛顿一生都在思考着物理世界背后的科学原理，一直努力为鲁班的工作建立理论指导。牛顿一直认为微积分能够帮助鲁班提高层次、格局和效率，以为会得到鲁班的喜欢，正在想着什么时候向鲁班炫耀呢，没想到这老小子倒先打上门了。但这是为什么呢？牛顿收起了骄傲，迎向鲁班。

"鲁大师……"

鲁班表面上是一个四肢发达、头脑简单的木匠，但内心深处却是一个极其细腻的有心人，他也一直在关注着自己一生积累的这些经验性的东西该怎样科学化、系统化。牛顿的流数术刚发明时他就注意到了，这不微积分刚一成熟，他就想在工程中应用了。

看到牛顿迎了过来，鲁班也快走了几步，朝着牛顿挥了挥斧子："老牛，你的微积分真是好啊，能求面积、求速度、求切线，还能求解优化问题，能解决工程中几乎所有的变量问题。"牛顿的脸上绽开了笑容，心想这货算是有眼光。鲁班顿了一下，话锋一转："但是，各种场合下的函数形式是不一样的，每次都要求导数，按照你的徒子徒孙们对导数的定义，不要求死个人咧！怎么能应用啊？"

大厅里顷刻安静了下来。是呀，导数是增量比值的极限，求导数必须求极限，而求极限可不容易。几百年后中国的研究生入学考试，求极限的题目都没有几个能做得好的。如果让工程师们每次遇到求函数导数时都来个增量比值取极限，那难度可不是一般的大。

牛顿望向莱布尼茨，莱布尼茨羞愧地低下了头。

大厅里，没有人敢正视牛顿探寻的目光。

牛顿的大脑在飞速地旋转——有没有求导数的便捷算法？

大厅寂静得吓人，每一个人都在担忧：如果这个问题不能解决，那微积分还有实际应用价值么？

一阵爽朗的大笑从厅外传来，目光汇集处，一个满头白发、身材矫健的老者健步走来："你们这些年轻人啊，真是不行。这么简单的问题都解决不了，还得我老人家亲自出马。"

牛顿快步走上，深鞠一躬："请亚老指教！"

原来此人就是久负盛名的古希腊著名思想家亚里士多德。亚里士多德摆了摆手，微笑着说道："你们可以选择少量几个基本函数，把其他函数都作为这几个基本函数有限次四则运算和复合的结果，这样你们就可以用定义计算这少数几个基本函数的导数，做成一张导数表，然后再把函数运算与求导运算的先后次序交换关系定为求导法则，把这个导数表和求导法则发给鲁班他们，不就把问题解决了吗！"说完招呼也不打，大笑而去。

牛顿望了望莱布尼茨，二人会心一笑，不由感叹，亚老果然高明，简短的几句话就给出了一种框架，不仅为导数理论提供了富有逻辑性、结构清晰的组织方式，而且对其他学科发展也起到了重要作用，后面的傅里叶变换、拉普拉斯变换理论也是按这种模式组织的。一个这么棘手的问题就这么简单地解决了，这就是思想的作用——思想能让人在绝境中找到出路。人群中响起了欢呼声。牛顿清了清嗓子，朗声说道："亚老给了我们新的思路，我们就按亚老的意见办吧！大家看看，选择哪些函数作为基本函数呢？"

秦九韶高高举起右手："我推荐多项式！"

牛顿瞄了他一眼："理由呢？"

秦九韶说："我们已经把多项式的性质弄得清清楚楚，多项式对我们而言已经没有任何秘密了，尤其是它的求值，只需要加法和乘法两种运算就可以了，它是数学上最简单的函数！其他哪个函数能有这么好的性质呢？"

牛顿点了点头，心中暗想老秦说得对。的确，通常对其他函数的求值都是通过展开成多项式来计算的，高等数学课程中有一章专门介绍函数的幂级数展开。刚想开口，就听见另一个大嗓门说道："同意老秦意见！不过，建议用幂函数，多项式是可以通过幂函数来表示的嘛！"

牛顿看大家都在点头，就说："好吧，那就加上幂函数 $y = x^{\alpha}$，不过我觉得三角函数 $y = \sin x$ 等也应该入选，大家有没有意见？"

大家都知道三角函数不仅是牛顿的最爱，而且也是物理学上的宠儿。很多物理学上的现象，要么是用多项式去描述，要么就是用三角函数去描述，像简谐运动。三角函数是物理上最简单的函数，所以没有人表示异议。

"吭，吭！"

寻声望去，发声的人原来是大学霸欧拉。欧拉是一众数学家最羡慕嫉妒恨的对象，他不仅著作等身，还横跨多个领域。据统计，欧拉一生共写下了 886 本（篇）书籍和论文，其中分析、代数、数论占 40%，几何占 18%，物理和力学占 28%，天文学占 11%，弹道学、航海学、建筑学等占 3%，彼得堡科学院为了整理他的著作，足足忙碌了 47 年。

"我推荐指数函数 $y = a^x$，特别是 $y = e^x$。"

下面的人谁不知道，这个 e 就被称为欧拉数，看来谁都拣跟自己有关系的东西往上捧。

欧拉仿佛猜着了别人的心思，继续说道："不是我自私。这个 $y = e^x$，的确具有良好的性质。它是无穷阶可导的，而且具有求导不变性，就是说求导后仍然还是指数函数。这种求导不变性使得它可以作为常系数线性齐次微分方程通解的一般表达式。并且，我还可以提供给大家一个公式，就叫它欧拉公式吧，$e^{ix} = \cos x + i \sin x$，利用这个公式，可以把三角函数也表示成指数函数：

$$\cos x = \frac{e^{ix} + e^{-ix}}{2}, \quad \sin x = \frac{e^{ix} - e^{-ix}}{2i} 。"$$

这个理由比较充分。毕竟，常系数线性微分方程的求解是一个非常重要的问题，这样一来，高等数学中齐次常系数线性微分方程的通解就可以统一地用指数函数表示了。

欧拉没有停止的意思，继续说道："作为指数函数的反函数，我提议将对数函数 $y = \ln x$ 也纳入基本函数中，并且……" 欧拉望了望牛顿，讨好地说，"建议把反三角函数 $y = \arcsin x$ 和 $y = \arccos x$ 等也纳入基本函数。"

　　大厅里的噪声越来越大，大家纷纷提出，要将自己研究的函数纳入基本函数。牛顿清了清喉咙，大声说道："好了好了，加个常数 1，基本函数就这么多吧，再多的话，大一的学生就记不住了，考试挂了科会骂我们的，我们就把常数、幂函数、指数函数、对数函数、三角函数和反三角函数称为基本初等函数，把由基本初等函数经有限次四则运算和复合得到的函数称为初等函数，把四则运算和复合运算与求导运算的关系称为求导法则，至于其他类型的函数，比如隐函数、超越函数等，则作为附加的求导方法整理在一起，大家看看还有什么不同的意见吗？没有的话就鼓掌通过。"

　　"且慢！"

　　众人正要鼓掌，突听一人大声呵斥，原来是狄利克雷，他可是出了名的"杠精"，就爱挑个毛病找个反例啥的，惹人烦。不过他的工作也为数学上许多理论的严谨性提供了保障，对于数学的进步称得上是功不可没。

　　狄利克雷说道："一个函数，有理数上取 1，无理数上取 0，该用哪个办法求导呢？它可不是你那个基本初等函数经有限次运算和复合的结果。"

　　牛顿正要说话，半天没开口的鲁班早忍不住了，大声喝道："这是你们搞数学的自己逗自己玩呢！工程上哪来的这样的函数？你不要出来现眼，把这个函数留着自己玩吧！"

　　狄利克雷被噎得半天说不出话来，只好低下头不作声了，不过后来这个函数果然就被称作"狄利克雷函数"。

　　牛顿正好借坡下驴，不再理会狄利克雷，大声喝道：

　　"柳教主何在？"

　　"在！"

　　一旁闪过一个浓眉大眼、英俊潇洒的彪形大汉站到牛顿面前。原来是教高等数学课的柳海风。此人是牛顿的超级粉丝，一生以传播牛顿的微积分学说为业，倒也颇有名声，人又极为谦虚，自称仅习得了牛顿学说的皮毛，因而自嘲"牛皮教"，意为"牛顿理论皮毛的教书匠"，后来被人把第一声的"教"改成了第四声，并被称为"教主"，这人乐得顺水推舟，安心做起了这牛皮教教主。这事传到牛顿那里，牛顿极为开心，大笑认可，算是给牛皮教正了名。

牛顿说道："请把今天的讨论连同有关积分的内容整理一下"，牛顿心有不甘地望了望莱布尼茨，"立即传授给各工程领域，用来建立他们自己的理论和方法体系，共同掀起工业革命，推动人类社会的巨大进步！"

柳教主答应道："这就去办。"转身奔出。

尘埃落定，牛顿长舒了一口气，双手一抬："好啦，让我们一起为这伟大的时刻欢呼吧！"

顿时，大厅里响起了经久不息的掌声，对牛顿的歌颂声再度响起。

一旁，爱因斯坦心中泛酸，对身边的人小声嘟囔了一句："今天的会怎么看都是'吹牛'的大会。"

是的，这次吹捧牛顿的大会被永远记录在了人类的历史上，并且，"吹牛"这个词因此成了经久不衰的流行词，用来表示对人或事的夸张形容，甚至虚假褒扬。

第一回
香农偶遇柳海风　诞生信号与系统

　　微积分的发明大大推进了科学技术的进步，与此同时，电作为一种新能源为人类的社会生活提供了强大的新动力。不仅如此，由于电便于传输，人们想到了利用电流或者电压的变化来传递信息。于是，以电为媒介的通信应运而生。随着电话的发明，通信技术走入寻常百姓家，信息与通信工程具备了成为一个学科的条件。

　　马克思说："世界上任何一门学科如果没有发展到能与数学紧密联系在一起的程度，那就说明该学科还未发展成熟。"

　　香农坐不住了。他坚定地认为，他有责任把信息、通信打造成一门科学而不仅仅是一种技巧。他梦想着，通过他的努力，让通信和信息处理成为一种能够传承、具有无穷进步空间的科学技术，若干年后，能通过信息处理和通信技术，让病榻上思儿的老母亲手抚摸远在千里之外的娇儿的脸庞。

　　他知道，没有数学，这无法做到。

　　他看到了柳海风。

　　夕阳照在柳海风英俊的脸上，泛着智慧的光。神采奕奕的柳教主侃侃而谈："无论你是研究通信还是机械还是气象，要想用数学，就必须把研究对象用数学的方式表达出来，就要知道数学有什么，你研究对象的关键要素是什么，二者之间的关联是什么，当然，研究对象的要素之间会有一种物理规律约束它们，你还得用数学把这种物理约束表示出来，这样你的问题就会转变为数学问题，就可以在数学领域发现未知，找到解决方案。现在你可以告诉我，你们研究的信息通信到底是干啥的呢？"

香农看着柳教主，小心地说道："这样，教主，我把通信这事跟您报告一下。通信的根本任务是信息传递。"

看着柳教主一脸疑惑，香农顿了一下，"所谓信息，我们这一行的也都说不清它是什么东西，各派都有各派的观点。我的观点呢，是不确定性的消除。我给你举个例子吧。"香农转身拿出一张扑克，对教主说道："这里有一张扑克，请你猜猜它的花色"。

教主一下就来了兴趣，这哥们儿平时就非常喜欢打牌，又教过概率论课。然而香农并没打算让教主开口，继续说道："现在你根本无法确定，这就是不确定性，是四中选一的不确定性。假如我告诉你，它的花色中带有一个桃字，这样你的不确定性就减少到二中选一了。进一步，我再告诉你，它是红色的，这样你的不确定性就没有了，就应该知道它是红桃。这种不确定性的减少正是因为我给了你信息。按我这样定义的信息不仅意义十分清晰，而且跟概率论联系在一起了，可以用概率来量化信息，当然更可以用数学的方法研究它了。当然也有一些情况，这种定义没有办法涵盖，因此有一些家伙也不太赞同。不管怎么样，信息就是我们要传递出去的某种'脑产品'。"

柳教主点了点头，似懂非懂地说："明白了，其实生活中大家也都无时无刻不在运用信息这个词，并且在不同的场合也有不同的指代，但意思我是明白的。"

香农赞赏地点了点头，继续说道："信息是不能独立存在的，必须由信号携带，通过系统来处理和传输。"

"这么说信号和系统是你们这一行的关键概念？"柳教授问道。

"是的。信号、系统是我们这一学科的奠基性概念。"香农的心里，产生了一种找到知音的感觉。

"那么，信号、系统的物理实体又是什么呢？"教授来了兴致。

香农想了一下，说道："其实，任何一种变化着的物理现象，我们都可以赋予它特定的含义，让其成为传递信息的载体，比如古代人约定用狼烟表示'敌人来了'，或者现代人打麻将时约定用揉眼睛表示'我要和筒'。换句话说，信号是变化着的物理量，只是由于电信号方便处理和传输，所以预计未来若干年内，电信号会成为通信领域的主流，当然，将来随着技术的发展，光、磁、力、热等物理量也会被用作传递信息的信号。"

看到柳教授点了点头，香农继续说："而系统，这个概念可以比较宽泛，从发出到接收信号的中间环节的全体或者其中的部分环节，都可以看成是一个系统。在信号处理场合，系统可以理解为，把一个信号输入进去，经系统作用得到另一个信号。"

柳教授恍然大悟地说："我明白了。按你的说法，所谓信号，可以用一个时间的函数 $f(t)$ 来表示，所谓系统，可以用一个函数方程：$y(t) = H(f(t))$ 来表示，如果你的系统中不含动态元件，那么这个方程就是一个代数方程，否则就是一个微分方程，如果系统中的动态元件还是定常的，那它还是一个常系数微分方程。"

香农惊讶得睁大了眼睛："有这么神奇吗？通信领域也可以使用微积分了吗？"

柳教授得意地说："就是这么神奇！这就是数学的魅力！有了数学的助力，还愁你们的通信与信息工程成不了信息科学吗？"

香农很激动，紧紧地握着柳教授的手，说："谢谢你谢谢你！我们就把对信号与系统的数学分析作为信息科学的起跑线。我看可以搞一门课程，就叫'信号与系统'，以电信号和电系统为实例，介绍信号与系统研究的一般方法，把它作为信息领域大学生的专业基础课，您看如何？对课程的内容，您有什么好的建议？"

柳教授显得有点不好意思，羞羞地说道："这个主意很好。至于内容嘛，不外乎信号与系统的表示方法、信号分解为各种基本成分、系统的结构和特性、信号通过系统响应的求解等，同时，也不一定只用时间作为自变量，也可以用其他的量，比如频率、复频率等作为自变量，还可以结合通信与信息处理应用，介绍一些数学原理的实际应用方法。"

香农开心得就要跳起来了，大声说道："太了不起了！看看今天我们干了多大的事！这是数学思想的贡献，更是你的功劳！"

柳教授不好意思地搓了搓手，说："您别客气，数学的基本功能之一就是为应用科学提供思想、方法和工具支持，这都是我们应该做的。"

欲知后事如何，请看第二回：课程框架初商定　梅森大赞甄德行。

第二回
课程框架初商定　梅森大赞甄德行

柳海风的一个金点子，让香农产生了构建"信号与系统"课程的创意，但对于教书，香农并不专业。

对教书专业的是奥本海姆。他是美国麻省理工学院（后文简称"省理工"）的教授，他的《信号与系统》教材是世界级的精品教材。国内任何一本有关信号与系统的教材，如果不把这本书列为参考书，那它根本就不好意思出版，许多教"信号与系统"课程的老师，尽管可能没有直接读过奥本海姆的《信号与系统》，但也都是奥本海姆的学生，因为至少在中国，还没有一本"信号与系统"的教材，其中没有奥本海姆的影子。在国内，"信号与系统"的第一代经典教材有三本，分别是清华大学郑君里的《信号与系统》、西安电子科技大学吴大正的《信号与线性系统分析》（原名《信号与线性网络分析》）、东南大学管致中的《信号与线性系统》，它们都或多或少地参考了奥本海姆的教材。

省理工知道了香农的愿望，就想在全球率先给本科生开设"信号与系统"课程。这就是大师的意义——知道该怎么做并不重要，重要的是知道该做什么。

1953 年 8 月 4 日，作为省理工强国计划的一部分，"信号与系统"课程构建工作会在校第一会议室开幕。

主持会议的是梅森（S. J. Mason），创立信号流图梅森公式的大牌教授，全世界学过控制论的人都知道这个名字，他是奥本海姆的老师。

梅森怀着强烈的使命感，首先指出："建好'信号与系统'课程，不仅仅是一门课程或者一个专业课程体系的问题。它涉及我们培养什么样的人、怎样培养人的问题。我们要领跑全球，没有信息优势是不行的，掌握信息优势，就必须要有扎实的'信号与系统'基础。我们要通过'信号与系统'课程，传递给学生科学的思想方法、处理信息领域理论和技术问题的能力，以及必要的信息科学素养。当然，科学思想必须要通过科学知识来承载，所以我们首先要考虑的问题是这门课程应该包含哪些知识点，以及用怎样的方式串联这些知识点。"

来自东方某工程大学的甄德行主任站了起来。甄主任后来成为"信号与系统"课程的教学专家，上课不仅深受学生欢迎，而且得到领导和专家的高度肯定。他用手拢了一下浓密的长发，朗声说道：

"我认为，作为数学和工程之间的桥梁，'信号与系统'课程的主要内容应该是讨论确定性信号经线性时不变系统传输与处理的基本概念和基本分析方法，从时域到变换域，从连续到离散，从输入输出描述到状态空间描述，以及在通信和信息处理中的初步应用。要以微积分为主要思想基础和技术支持，以电信号和电系统为抓手，以 MATLAB 为手段，帮助学生建立信息科学领域的相关概念，掌握基本原理，同时树立初步的工程意识，在内容结构、处理方法上要多从数学上寻找思路，不要另搞一套。"

"哗……"

会场上掌声雷动。

受到鼓舞的甄主任停顿了一下，继续骄傲地说："至于组织方式，总是先时域后变换域，可以先连续再离散，也可以连续和离散并行，状态空间分析法嘛，也应该允许别人不讲。"

梅森望着这个来自东方、英姿勃发的年轻人，心里暗暗琢磨：这个人真是厉害，说得真好。但脸上却不动声色，环顾一周后看没有人有反对意见，就说："好吧，按甄主任意见办。至于是先连续再离散还是连续和离散并行，状态空间分析法讲还是不讲，由各个学校自己决定。"

清华大学郑君里和东南大学管致中的教材就是先连续再离散，西安电子科技大学吴大正的教材是连续和离散并行，状态空间分析法大多数中国人讲外国人不讲。本书也按照郑君里老师教材的内容和结构讲故事，但有微调和简化。

大会转入对教材具体内容选择和组织的讨论。

首先是信号的描述、分类和基本信号。

一提到这个话题，柳海风就极不耐烦："我跟香农已经讨论过了，信号就是函数，函数在你们这个特定领域的名称就叫信号，换句话说，函数是一个一般概念，信号是函数的具体化，还有什么可讨论的？以后，函数和信号这两个名词就不用区分了，谁说函数谁说信号取决于他的语言习惯。"

大家想想也是，也就不多说了。数学上，函数有三种描述方式：表达式、图像和列表（数列），那自然，信号也是这三种表达方式，只是在信息科学领域，图像另有所指，所以改称"波形"，列表适用于离散信号，称为序列。

分类是科学研究的重要内容之一，一是因为分类能使人们更清晰地看清对象的结构，便于组织和管理，二是因为同类的对象有相同的特征，可以用统一的方法来处理。按照不同的应用背景，分类有不同的标准，自然有不同的分类结果。

柳海风教过"高等数学"，也学过"随机过程"，自然一下就想到信号可以分为确定性信号和随机信号。所谓随机信号，是指对自变量的每一个取值，信号值都是不确定的，是随机变量，所谓确定性信号，是指对自变量的每一个取值，信号都有确定的值。在大学数学课程里，研究确定性信号的主要是微积分，研究随机信号的是随机过程，不是概率论，概率论研究的是随机变量，是初等数学中常量的随机化推广。

香农认为，信息交换是通过信号的变化来消除不确定性的，确定性信号不能消除不确定性，就不能承载信息，所以研究确定性信号没有什么意义。

甄主任认为，香农的话是对的，但对随机信号的研究难度较大，作为一个入门课程，"信号与系统"的主要任务是帮助还未入门的大学生建立并理解概念，掌握基本原理，并且确定性信号的某些分析方法对随机信号的分析也有参考作用，因此，本课程还是要研究确定性信号，把对随机信号的研究放到后面的课程中去。

柳海风教授提出了周期信号的概念。

对一个信号 $f(t)$，如果存在一个最小正数 T，使得：

$$F(t) = f(t \pm nT) \qquad n = 0, 1, 2, \cdots$$

对任意 t 成立，则称之为周期信号，T 称为信号的周期。关于周期信号和非周期信号的概念，中学课程中就已经非常明确地定义了，这里专门拿出来说，是因为周期信号在本课程中具有特别重要的地位，后面的频谱概念就是从周期信号出发得到的。

有一个需要强调的问题就是：若干周期信号的周期具有公倍数，则它们叠加后仍为周期信号，叠加信号的周期是所有周期的最小公倍数。注意这里公倍数的概念，下面举例说明。

例：判断信号 $f(t) = \sin 2t + \sin \pi t$ 的周期性。

这里，参与求和的两个信号的周期分别是 π 和 2，有人说它们有最小公倍数 2π，这是不对的。因为小学在学公倍数这个概念时还没有小数的概念，倍数只能是整数的，说 3 是 2 的 1.5 倍是后来的说法，3 和 2 的最小公倍数是 6，不是 3，因此，这个信号不是周期信号。

可以证明，只有当两个求和信号的周期之比为有理数时，其和才是周期信号。

假设 $f_1(t)$、$f_2(t)$ 的周期分别是 T_1, T_2，$f_1(t) + f_2(t)$ 的周期是 T，那么，一定有正整数 m, n，使得 $mT_1 = nT_2 = T$，也就是 $\dfrac{T_1}{T_2} = \dfrac{n}{m}$，反之亦然。

听着柳教授清晰的说明，甄主任惊讶地张大了嘴巴，看来自己的数学基础还是不够呀！

来自贝尔实验室的奈奎斯特提出了连续时间信号与离散时间信号的概念。

连续时间信号：在所讨论的时间内，除有限个间断点外，任意时刻信号都有确定函数值的信号，简称连续信号。

离散时间信号：只在某些离散的时间点上有信号值，在其他时间上没定义，简称离散信号。

柳海风诧异地睁大眼睛：

"你们搞什么？连续是高等数学中一个非常重要的概念，到你们这里变成什么啦？"

甄主任找到了一点自信，微笑着拍了一下柳教授的肩膀，和蔼地说：

"柳教授，事情是这样的，你们数学上的连续单指函数取值的连续性，即因变量的连续性，我们这里，自变量和因变量都可以连续或者不连续取值。特别是，这里的连续和离散，指的仅仅是自变量的连续和离散。"

柳海风快要哭了："那因变量的连续性你们就不考虑了吗？"

"考虑呀，对因变量，我们把至多有有限个第一类间断点的函数也按连续来处理。"

柳海风心想：这我懂，第一类间断点就是可去间断点和跳跃间断点，它们的特点是每个点处的左右极限都存在。仅有第一类间断点的函数，其傅里叶级数展开式（如果有的话）都收敛。

甄主任没有关心柳海风的心理活动，拿过纸笔："我画张表给你看吧！"

因　变　量	自　变　量	
	连　续	离　散
连　续	模拟信号	抽样信号
离　散	阶梯信号	数字信号

柳海风盯着这张表看了半天，沮丧地说："字都认识，意思一点不懂。"

甄主任宽容地笑了笑："如果自变量和因变量都连续，或者按照你们数学的说法，自变量连续取值，因变量至多有有限个第一类间断点，那它就是模拟信号，实际上就相当于你们数学上的连续函数，而自变量和因变量都离散的信号，就称为数字信号。其他概念的意义，等会让奈奎斯特给你解释吧！"

"模拟信号是个什么东西？"

甄主任孩子般地笑了：

"现实世界中的现象，没有一个是按照某种函数形式设计的，'老天爷'不懂数学，他在设计自然界的变化时，没有人知道遵循的什么规律，人类所能做到的，就只能是臆想一个函数形式去模拟它，即所谓的模拟信号是人类发明的信号形式对'老天爷'设计的实际信号的模拟。通常认为自然界不会存在很多的突变点，但是少量的跳变还是可能的，因此用来模拟'老天爷'想法的信号就是你们数学上的连续信号和有有限个第一类间断点的函数。奈老师，您是抽样界的权威，您来说说这个抽样吧！"

奈奎斯特满身都是傲慢，自豪地耸了耸肩膀，开口说道：

"模拟信号是连续的，而我们的计算机只能处理数字信号，自然界的信号要进入计算机处理，就必须经过抽样过程转化为数字信号。"

奈奎斯特随手在纸上画了一条曲线：

"抽样其实并不神秘。对这条曲线，我只取其中若干个离散点处的值记录下来，得到的结果就是一个抽样信号，比如我们每隔一段时间记录一下当前的气温值，得到的结果就是对一段时间内气温信号的一个抽样。因为抽样信号的取值范围仍然是一个连续的区间，一般就是原信号的取值范围，所以它的幅值仍然是连续的，仍不能用计算机处理，所以就需要量化，就是事先确定若干个离散值，按四舍五入的原则把抽样信号的值近似到这些离散值上，就得到数字信号。当然，也有课程把这些事先指定的离散值用 0、1 序列表示出来，这样得到的 0、1 序列才称为数字信号，我们这门课就不这么讲究，看下图，从左到右分别是模拟信号、抽样信号和数字信号。"

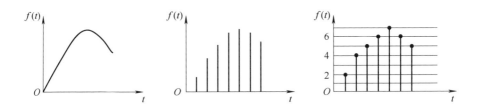

柳海风似懂非懂地点了点头："好吧，我再想想看。"

奈奎斯特急了，心想：这柳海风真是个木头，都说这么清楚了，还不明白，再举个例子吧！于是说道"自然界中有黑有白，但由黑到白不是突变的，是有中间环节的，即'灰'，为了'模拟'这个现象，我们用 0 表示黑，用 1

表示白，这样闭区间[0,1]就模拟了自然界黑白之间的变化，一幅灰度图像（如下图）就可以用二维信号 $z = f(x, y)$ 来模拟，z 表示 x，y 处的灰度值，这个称为模拟图像，它是不能被计算机直接存储和处理的，因此要转化为数字图像，先把[0，1]等间隔离散化成 256 级（当然也可以是其他数），分别用 0,1,2，…，255 这 256 个数表示由黑到白，再把计算机屏幕划分成 1024×768 个方块（也可以是其他数据），称为像素或者分辨率，用整数坐标表示每一个方块的位置，这样在每一个方块内取图像的一个点代表这个方块内的图像，它的灰度值如果在 135 和 136 之间就四舍五入到最邻近的整数，这样就可以用有限位整数来表示图像了，而有限位整数可以用有限长的二进制数来表示，这样就把一幅模拟图像转化成数字图像了。"

柳海风张大了嘴巴："这样的话不就有误差了？数字化的图像还是原来的图像吗？"

奈奎斯特不耐烦地说："是有误差，但是只要我们划分足够细，这种误差就会非常小，只要小到一定程度，不影响我们对图像的理解和感觉，应用上就没有问题。"

柳海风不依不饶："现在都是彩色时代了，哪里还有黑白图像？"

奈奎斯特彻底火了："拜托兄弟，我们可以用不同程度的红（R）、绿（G）、蓝（B)三种颜色重现现实世界的任意一种颜色，这你不会不懂吧？把这三原色分别用 256 个整数表示出来，每个点处的颜色用相应的（R，G，B）值

来表示，这样一幅彩色图像就可以用向量函数

$$\begin{pmatrix} R \\ G \\ B \end{pmatrix} = \boldsymbol{F}(x, y)$$

来表示，现在你明白了吧？"

说罢扬长而去，留下柳海风在尴尬中凌乱。

看到现场气氛有点尴尬，巴塞伐尔赶忙出来解围：

"我再说说能量信号与功率信号。定义信号 $f(t)$ 的能量 $E = \int_{-\infty}^{\infty} f^2(t)\mathrm{d}t$
若它有界，即 $< \infty$，则称 $f(t)$ 为能量信号。

定义信号 $f(t)$ 的功率：

$$P = \lim_{T \to \infty} \frac{1}{T} \int_{-\frac{T}{2}}^{\frac{T}{2}} f^2(t)\mathrm{d}t$$

若它有界，即 $< \infty$，而能量 $E \to \infty$，则称 $f(t)$ 为功率信号。

我们可以发现，一个信号若能量有界，其功率必为零。对于能量信号，用功率衡量其大小无意义；一个信号若功率有界，其能量必为无限大。对于功率信号，用能量衡量其大小无意义。而且，信号不可能既是能量信号又是功率信号；但可以既不是能量信号，又不是功率信号。"

甄主任看到奈奎斯特对柳海风不太恭敬，心中也有点火气，没好气地说：

"能量信号、功率信号只能算是信号的一种特征，根本谈不上是分类，因为存在着非能量非功率信号。"

巴塞伐尔张了张嘴，又闭上了。

梅森赶紧出来打圆场："这样吧，我们再来定义一个因果信号与非因果信号：若信号 $f(t)$ 在 $t<0$ 时为零，称为因果信号，也称为有始信号或单边信号，否则就称为非因果信号。

这样规定的原因是，后面我们在研究信号对系统的作用时，总认为起始时刻是 0，那么 0 之前有非零值的信号就不会是某种作用的结果，因而定义其为非因果的。

　　关于信号分类我们就讨论到这里，下面我们来讨论一下，按照亚里士多德提供的框架，我们应该选择哪些信号作为基本信号，哪些运算作为基本运算。"

　　在场的所有人一下来了兴趣，一场名利争夺战即将上演。

　　欲知后事如何，请看第三回：大道源自微积分　指数函数最有情。

第三回
大道源自微积分　指数函数最有情

对于选择基本信号，柳海风是有想法的。

"你们这么做纯属多余。"他愤愤不平地说道。

"既然你们已经把微积分定为课程基础，并且说函数在你们这里也就是信号，信号就是函数，那为什么不把'高等数学'中的初等函数作为你们的信号模型呢？"

梅森解释道："其实，我们就按照'高等数学'的方式也没有问题，只是如果能结合我们自己课程的特点增加或者减少部分信号，一来可以提升针对性，二来可以减轻学生学习的负担，提高学习效率，三来也可以增加我们这门课的特色，你说是不是？"

既然是人家专业领域里头的事，柳海风也就不再坚持，但心里还是犯嘀咕，暗想：看你们能弄出什么新花样。

梅森说："那我们就先从数学中的基本信号中筛选一部分吧。首先高等数学中的1，它是跑不掉的，它代表常量，就是信号中的直流。

其次，我强烈推荐实指数信号：

$f(t) = k\mathrm{e}^{at}$，a 为实数，

其波形如右图所示。

当 $a > 0$ 时，$f(t)$ 随时间增长；

当 $a < 0$ 时，$f(t)$ 随时间衰减；

当 $a = 0$，$f(t)$ 为常数。

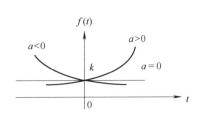

$\tau = 1/|a|$ 可以定义为 $f(t)$ 的时间常数，代表 $f(t)$ 的增衰特性，τ 越小，$f(t)$ 增长或衰减得越快。

$$f(t) = \begin{cases} 0 & t < 0 \\ Ee^{-\frac{t}{\tau}} & t > 0 \end{cases}$$

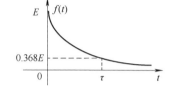

称为单边指数信号，如右图所示，在 $t = \tau$ 处，$f(t)$ 衰减到 $f(0)$ 的 36.8%。"

梅森的话刚一落地，欧拉立马笑了，坏坏地说："那要这样的话，我就推荐

$$f(t) = t^n e^{(\alpha + j\beta)t}$$

这个函数包含了幂函数、指数函数、三角函数以及它们的组合，换句话说，所有满足求导不变性的函数都包括进来了，即指数类函数。"

大家一看，这老头的话有道理。根据其中参数的不同取值，这个函数的确代表了不同形式的函数。并且求导不变性这事还真得重视，因为这门课会用线性常系数微分方程作为系统的数学模型，而求导不变性使得这些函数可以作为系统激励和响应的一般模型。

柳海风有点耐不住寂寞了，悠悠地说："那下一个是不是轮到对数函数或者反三角函数了呢？"

梅森说："既然指数类函数可以作为系统输入输出的数学模型，那对数函数的用处就不大了，是不是就可以不要了？"

柳海风说："可以作为信号的模型呀！不然学生问这门课为什么没有对数函数时，你们怎么回答呢？"

梅森正色道："自然界本没有什么指数函数、对数函数，'老天爷'又没学过数学，他不会按照数学的方法来主宰世界，数学是我们用来描述'老天爷'意志的。如果有学生问这样的问题，我们只需要告诉他我们这门课有指数函数就够了，不用考虑什么对数函数、反三角函数的。"

柳海风暗想：这是什么狗屁理论，仗着腕儿大，信口胡说。不过柳海风也懒得跟梅森争论。本来嘛，数学是基础理论，讲究大而全，作为专业课程，从

中选择一些好用的东西，摒弃其中觉得不大好处理的东西，也是人之常情。的确，在"信号与系统"课程中，对数函数、反三角函数的处理将会非常困难。

这时奈奎斯特说："建议把抽样信号

$$f(t) = \frac{\sin t}{t}$$

加进来，并且因为它在工程中特别有用，还建议给它一个专门的记号 $\mathrm{Sa}(t)$，其含义将在学习过抽样定理后明白。

$\mathrm{Sa}(t)$ 信号的波形如下图所示，利用高等数学的有关知识可以证明：

$$\int_0^\infty \mathrm{Sa}(t)\mathrm{d}t = \frac{\pi}{2}$$

$$\int_{-\infty}^\infty \mathrm{Sa}(t)\mathrm{d}t = \pi \text{。"}$$

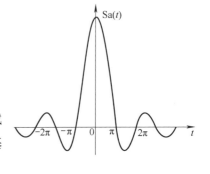

柳海风疑惑极了，但又不好意思问。

"其他的呢？"梅森问。

"其他有一些函数，比如有理函数，被我们在变换域里用作系统的表示，要不要在基本信号里强调一下呢？"甄德行抢着说。

"如果没有其他更多的用处，像有理函数等，只要需要的时候拿来用就可以了，不必单列。这样可以减轻学生的负担。另外，与'高等数学'不同，我们还要强调一下画图。因为画图可以帮助我们从直观上理解概念，掌握基本原理。"

看到大家纷纷点头，梅森继续说："那基本信号就这样吧。下面讨论一下运算吧。高数中提到的函数运算包括四则运算和复合、极限和微积分……"

"我看这除法就不要说了。"甄德行抢着说。"因为如果有大数除以小数的情况，就有可能产生大的截断误差。"

看到柳海风疑惑的目光，甄德行进一步解释道："计算机中，都是用有限位字符来表示数字的，类似于我们平常说的保留多少位小数。当实际数字超出计算机能表示的数时，多出来的就会被截去，产生截断误差，所以不光我们这门课，工程类的其他课程，也都尽量避免使用除法，包括微分运算。因为微分本质上也是除法运算。不过尽管我们不专门讲除法，但后面还是会用到的，比如抽样函数、有理函数等。"

奈奎斯特点了点头说："嗯，加、减、数乘、乘法肯定要包括进来的，而且它们都有实际的物理过程相对应，比如加法，通信中信道噪声就主要是以加法的形式与有用信号混在一起的。一个常数乘以信号相当于放大或缩小，至于信号和信号相乘在抽样时就采用这种方式来描述。"

甄德行说："我们用图形来表示加法和乘法，可以发现变化快慢不一样的两个信号，相加后的和信号以慢变信号为趋势，以快变信号为细节，相乘时，慢变信号形成包络，快变信号是细节。"

柳海风提醒道："我们数学中还有复合运算呢！"

甄德行说："一般的复合对我们意义不大，但信号和简单时域变换 $at+b$ 之间的复合，因为有十分重要的应用背景，还是要好好说明一下的。"

柳海风急忙插话："你是说 $f(t)$ 与 $f(at+b)$ 之间关系的吗？这个简单，这两个都是时间 t 的函数，如果 $f(t)$ 的定义域是 $[A, B]$ 的话，$f(at+b)$ 的定义域就是 $<aA+b, aB+b>$（<>表示以其中两个数为端点的区间），值域不变，波形会随着区间的变大、变小、翻转而伸展、压缩和翻转。"

甄德行说："你这样说不直观，这个要结合工程应用来说才有意义。具体来说，可以考察三个特殊情况：$a=1, b=t_0$；$a=-1, b=0$；$a>0, b=0$，分别对应于信号的时移、折叠和展缩。

1）信号 $f(t)$ 的时移是将其自变量 t 用 $t \pm t_0 (t_0 > 0)$ 替换，也称位移或时延，结果记为 $f(t \pm t_0)$，从波形看，$f(t-t_0)$ 是 $f(t)$ 在时间 t 轴上右移 t_0，$f(t+t_0)$ 是整体左移 t_0，为方便记忆可称为'加左减右'，$f(t-t_0)$ 比 $f(t)$ 在时间上滞后 t_0，$f(t+t_0)$ 比 $f(t)$ 在时间上超前 t_0，如下图所示。

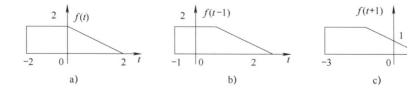

a) b) c)

2）信号 $f(t)$ 的折叠也称反折（反转），是将其自变量 t 用 $-t$ 替换，记为 $f(-t)$。$f(-t)$ 的波形是 $f(t)$ 的波形以 $t=0$ 为对称轴的镜像，如下图所示。

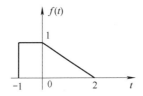 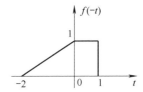

3）信号 $f(t)$ 的展缩是将其自变量 t 用 $at\,(a>0)$ 替换，记为 $f(at)$，也称尺度变换，$a>1$ 时，其波形是 $f(t)$ 的波形以坐标原点为中心，沿 t 轴压缩为原来的 $1/a$。$0<a<1$ 时，$f(at)$ 的波形是 $f(t)$ 的波形在 t 轴展宽 $1/a$ 倍。如下图所示。

  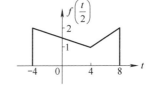

可以看到，时移、折叠与尺度变换都是对自变量 t 而言的，举例如下。

例：已知 $f(t)$ 的波形如右图所示，画出 $f\left(-\dfrac{t}{2}+1\right)$ 的

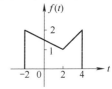

波形。

解：

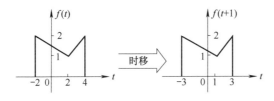

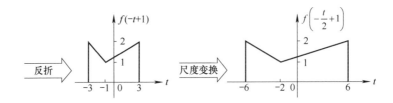

信号在时间轴上的变换有重要的实际意义。信号的尺度变换相当于电影技术中的快镜头或慢镜头，如果 $f(t)$ 持续 1 分钟的话，那么 $f(2t)$ 就持续半分钟，$f\left(\dfrac{t}{2}\right)$ 就持续 2 分钟；信号的时移相当于推迟或提前播放，在某些直播节目中，现场实况和直播发送信号之间会设置几秒钟的时延，以便于处置现场突发情况或导播在各镜头之间切换，由于电波传输都需要时间，因此无论发送端和接收端之间间隔多远，接收端都会有一定的时延，在雷达测距的场合，雷达发送的信号 $f(t)$ 遇到障碍物返回，再被雷达接收到的信号，在不考虑噪声干扰的情况下，就是 $f(t-\tau)$，采用一定的算法估算出 τ，则可知雷达和障碍物之间，电磁波的传播时间为 $\dfrac{\tau}{2}$，距离也就很容易计算出来了；信号的折叠相当于电影技术中的正拍倒放，用于实现某些特殊效果。"

"那如果给你个问题，只要求画出信号时域变换后的波形，是不是就不用这么复杂了？"柳海风问。

"那倒是。"甄德行说，"这就是所谓的'宗量对应法'，原则是'宗量相等，函数值相等'，就是在宗量（不是自变量）相等处的函数值相等。"

"宗量是个啥？"底下有人嘀咕。

"宗量是从其他课程里借来的概念，简单地说，$f(t)$ 的宗量是 t，$f(at)$ 的宗量是 at，$f(3t+6)$ 的宗量是 $3t+6$。对刚才那个例子，因为图形比较简单，利用宗量对应法只需要找几个特殊点即可。

函　数　值	2	1	2
$f(t)$ 中的 t	−2	2	4
$f\left(-\dfrac{t}{2}+1\right)$ 中的 t	6	−2	−6

上表中第 3 行是特殊点处 $f\left(-\dfrac{t}{2}+1\right)$ 的宗量值与 $f(t)$ 的宗量值相等时，自变量的取值。以上表中的第 1、3 行中的值为点坐标，画出图像，再用直线连接相邻点，即得到 $f\left(-\dfrac{t}{2}+1\right)$ 的波形。"

"哇！好简单！这比上面一步一步地算又简单又容易，还不会犯错！那为什么书上不写这个方法，非要我们一步一步去算呢？"外面一个围观的学生看不下去了。

甄德行宽厚地笑了笑："这个宗量对应法是一个数学技巧，做题是容易的，但不如我们上面介绍的方法直观，工程味道浓，我们这门课，还是要强调工程意义的。"

"那考试的时候我们可不可以用宗量对应法呢？"学生追问。

甄德行说："如果题目没有明确要求用什么方法，那就可以。"

梅森环顾四周，看看对这个运算没有什么新的意见，就说："那下面就是微积分了。关于微积分……"

"关于微积分，你们还有什么新花样？"柳海风迫不及待地问，话里满是不服。

"我们尊重你们数学中微积分的定义，但我们有我们的世界。具体来说，我们认为，我们课程里所有的函数、包括有间断点的，都是可导的。"

"什么？你的数学是厨师教的吗？"柳海风激动地大叫，"什么东西都可以蘸酱咬一口，还什么函数都是可导的，'高等数学'白学了！"

甄德行像个孩子一样咧嘴笑了笑："柳老师您别急，听我慢慢跟您说。"

欲知后事如何，请看第四回：冲天一激震天下　从此江湖处处名。

第四回
冲天一激震天下　从此江湖处处名

甄德行看着柳海风恼羞成怒的脸，调皮地说：

"我用一个你绝对能懂的例子说事吧。十字路口正在等红灯的汽车，从绿灯亮起的刹那起步，加速到 40 码，需要的时间是 t_0，如果是匀加速的，那么，该怎样用数学方法表示这个速度的变化过程呢？"

柳海风哼了一声说："这还不容易，最简单的就是画个图喽！"于是顺手就画出了一张图。

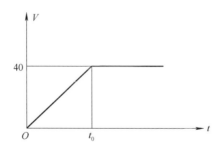

甄德行说："很好。假如我们不关心这个加速的过程，只关心加速前后速度的变化，那又怎样表示这个过程呢？"

柳海风："简单啊，就认为加速是瞬间完成的呗！令 $t_0=0$。"

甄德行赞赏地说："柳老师说得好。这里我们用 0_- 表示红灯亮的最后时刻，汽车开始加速，0_+ 表示加速完毕。"

柳海风挠了挠头，说："你说的好像有道理，但好像又不是那么一回事。这个 0_-，0_+ 又是什么？"

甄德行说道:"闭区间[0_-, 0_+]就是你刚说的瞬间。"他顿了一下,继续说道:"这个速度表达好办,可是,按照牛顿的力学原理,速度的变化一定是来自于加速度的,这个加速度该怎样表示呢?"

柳海风恍然大悟似地说:"你套路我!按常理,加速度是速度的导数,按照定义,这个导数是不存在的!"

甄德行笑了:"看看,数学在这里与物理产生了矛盾。物理是老天爷造的,数学是人造的,当数学与物理有矛盾的时候,必然是数学让步,解决的办法就是引入新的数学方法。这个问题,狄拉克能比我们说得更清楚。"

狄拉克是多一事不如少一事的人,懒得跟别人理论,听到不相干的人点他的名,不满地说:"我是一个理论物理学家,你们扯你们的,关我啥事呢?"

甄德行讨好似地说:"听说你在研究点电荷质量分布密度的时候提出了一个'高等数学'中没有的函数,能否给我们说明一下?"

狄拉克哼了一声说:"单位质量的物体体积为 V 的时候,它的密度就是 $1/V$,如果这个物体是一个点,那么 $V=0$,密度就是无穷大,但这个无穷大有特殊性,假如用一个函数 $\delta(v)$ 来表示这个密度,则满足:

$$\begin{cases} \begin{cases} \delta(v) = \infty & v = 0 \\ \delta(v) = 0 & v \neq 0 \end{cases} \\ \int_{-\infty}^{\infty} \delta(v)\mathrm{d}v = 1 \end{cases}$$

朋友们都亲切地称它为狄拉克 δ_- 函数。"

柳海风好奇地看着这个奇怪的东西,纳闷地问:"这啥呀?"

狄拉克惜字如金,轻蔑地看了他一眼,没有说话。

甄德行说："这个函数是用来描述一些作用强度极大、作用时间极短、作用效果一定的物理现象的极限形式。借助于狄拉克的想法，我们来分析一下那个汽车加速的例子。

假设汽车是匀加速的，加速时间是在极短时间间隔[0_，0_+]内完成的，加速前速度为0，加速后速度为1，我们形式地画出下图：

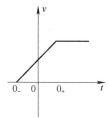

这是速度的变化，加速度的变化曲线是

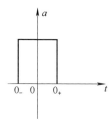

它可以看成是速度的导数。

现在让 0_和0_+无限接近，接近为一个点，那么这个速度的变化就可以用信号 $u(t)$

$$u(t) = \begin{cases} 0 & t < 0 \\ 1 & t > 0 \end{cases}$$

来表示，它称为单位阶跃信号，因为 $t = 0$ 既代表 0_也代表 0_+，所以这一点的信号值既有 0 又有 1，这不符合数学上对函数的定义，所以认为在 $t = 0$ 处，$u(t)$ 无定义或 $u(0) = \dfrac{1}{2}$（左右极限的算术平均值）。而加速度呢，就可以写成极限形式

$$\delta(t) = \lim_{\tau \to 0} \frac{1}{\tau}\left[u\left(t + \frac{\tau}{2}\right) - u\left(t - \frac{\tau}{2}\right)\right]$$

当 $t \ne 0$ 时它为 0，但在 $t = 0$ 时，在'高等数学'课程中认为这个极限不存在，趋于无穷大。这样，我们就发现'高等数学'不满足我们的需求了，因而就必须对数学加以扩展。我们看到，这个极限有一个特性，就是它虽然是无穷大，但那个函数的积分（即以它为顶的矩形面积，回忆高等数学中定积分的几何意义）却为 1。我们把它作为高等数学中函数的扩充，称为单位冲激信号，相对于'高等数学'中的函数，它是一个'广义函数'。

单位冲激信号的波形难以用普通方式表达，通常用一个带箭头的单位长度线表示，如下图所示，其中（1）表示冲激强度。如果矩形脉冲的面积不为 1，而是一个常数，则一个强度为 6 的冲激信号可表示为 $6\delta(t)$。在用图形表示时，可将强度 6 表示为（6）标注在箭头旁。"

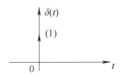

柳海风嗤之以鼻："这是什么玩意？它怎么能是函数呢？数学上不支持。"

狄拉克看到甄德行把冲激信号解释得这么清楚，心中暗暗佩服，觉得这甄教授果然无愧于大学"教学名师"的称号。他瞄了一眼柳海风，转头对众人说道："在我之前，数学上的确没有这个东西，不过因为我的原因，数学上开辟了一个新的研究方向叫'广义函数论'。其中主要就是这方面的内容，当然也有扩展。不过相关的知识太难了，给本科生讲不合适。在课程应用中记住几个关键点，比如定义、基本性质和简单应用就行了。"

柳海风说："那这么说，你们这门课的数学基础不光是'高等数学'，还要有'广义函数论'？"

梅森说："看来是的。仅有高数是不够的，但也不一定要强调'广义函数'。把它的几条性质列出来补上去就可以了。"

柳海风又问："那会不会引起你们课程内容出现不严谨的地方呢？"

狄拉克说："那是肯定的，不过一定会有后来者努力在理论上把它弄严谨，就这门课的工科属性来说，能解决问题就好，倒也不必追求处处严谨，又不是数学课。"

就在柳海风云里雾里摸不着头脑，想问又不知从哪里问起的时候，教电路分析课的新珠发出了兴奋的呐喊：

"太棒了！我们电路分析课里也有这样的情况呢！"说着，她顺手就画了一个电路。

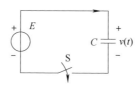

"对这个电路，当 $t=0$ 时，开关闭合，在 $t>0_+$ 或 $t<0_-$ 时，流过电容器的电流 $i_C(t)$ 均为零，而在瞬间 $[0_-, 0_+]$，电容器电压 $v_C(t)$ 变为 E，这可以认为是强度为无穷大的电流作用的结果。这个电流，就可以用冲激函数 $\delta(t)$ 来描述，它的特征是持续时间为零，幅度为无穷大，但作用效果（对时间的积分）有限。"

狄拉克奇怪地看着这位聪明的女老师，心想：哪里来的丫头？真聪明，这么快就理解了这么复杂的概念，而且还这么快就用上了。

施瓦尔茨看到狄拉克对漂亮的新珠露出了赞许的目光，赶忙说道："我和索伯列夫、盖尔范德几个人建立了'广义函数论'理论体系，已经把相关的理论弄严谨了，我们是这样定义冲激函数的：

对任意在 $t=0$ 处连续的有界函数 $\varphi(t)$，如果 $g(t)$ 满足 $\int_{-\infty}^{\infty} \varphi(t)g(t)\mathrm{d}t = \varphi(0)$，则称函数 $g(t)$ 为单位冲激函数，记为

$$g(t) = \delta(t)$$

还有，我们……"

甄德行有点不耐烦了，心想：我好好的"信号与系统"课怎么变成他们数学物理学家的论坛了，这样下去我还混什么呢！赶忙截住话头：

"好了好了，把这个弄那么清楚不光对学生难度太大，我们老师也受不了，我们这个课是应用型的，你就告诉我们它是什么，有什么用就足够了。"

　　施瓦尔茨本来兴冲冲地还想把广义函数说清楚了，一看甄德行这态度，也就算了，讪讪地说："那好吧，就把冲激函数作为一个不定义的名词好了，把我和狄拉克给出的定义式子当成它的性质用，除此之外，把时刻 $t = t_0$ 时的冲激函数记为 $\delta(t - t_0)$，让学生记住如下一些性质吧。

　　（1）取样性

　　若 $f(t)$ 是在 $t = 0$ 处连续的有界函数，则

$$\int_{-\infty}^{\infty} f(t)\,\delta(t)\mathrm{d}t = \int_{-\infty}^{\infty} f(0)\,\delta(t)\mathrm{d}t = f(0)$$

这个式子的意义是：假如 $f(t)$ 是一个抽象函数，比如说某天的气温变化规律，那么，$f(0)$ 就可以认为是 0 时刻 $f(t)$ 的一个样本，它是可以测量的，只要我们在 0 时刻看一下温度计就可以了，那么'这个看一眼温度计并记录温度'的过程就是所谓的采样，上式的左边就是这个采样过程的数学模型，类似地，t_0 时刻的采样过程就可以表示为

$$\int_{-\infty}^{\infty} f(t)\delta(t - t_0)\mathrm{d}t = \int_{-\infty}^{\infty} f(t_0)\,\delta(t - t_0)\mathrm{d}t = f(t_0)$$

并且还有

$$\int_{-\infty}^{\infty} f(t - t_1)\delta(t - t_0)\mathrm{d}t = f(t_0 - t_1)$$

　　（2）奇偶性

$$\delta(t) = \delta(-t)$$

　　（3）尺度特性

$$\delta(at) = \frac{1}{|a|}\delta(t)$$

可以利用定积分的变量替换来证明。

　　$a > 0$ 时，$\displaystyle\int_{-\infty}^{\infty} \delta(at)\mathrm{d}t = \frac{1}{a}\int_{-\infty}^{\infty} \delta(\tau)\mathrm{d}\tau = \frac{1}{a}$

　　$a < 0$ 时，$\displaystyle\int_{-\infty}^{\infty} \delta(at)\mathrm{d}t = \frac{1}{a}\int_{\infty}^{-\infty} \delta(\tau)\mathrm{d}\tau = -\frac{1}{a}\int_{-\infty}^{\infty} \delta(\tau)\mathrm{d}\tau = -\frac{1}{a}$

故有：　$\delta(at) = \dfrac{1}{|a|}\delta(t)$。

　　至于应用嘛，$\delta(t)$ 太有用了，将会贯穿这一整门课程，就像本回题目中所说的'从此江湖处处名'，以后的每一部分，都少不了这个冲激函数哦！"

甄德行缓和了一下态度:"嗯,以后的事以后再说。当前最有用的可能是这个 $u(t)$, $u(t)$ 可被用作从信号中提取单边部分,如:

$$f(t)u(t)=\begin{cases} f(t) & t>0 \\ 0 & t<0 \end{cases} \quad, f(t)u(-t)=\begin{cases} 0 & t>0 \\ f(t) & t<0 \end{cases}$$

$u(t)$ 还可以用来表达某些分段函数,如 $f_1(t)=u(t-1)-u(t-2)$,$f_2(t)=(t-2)[u(t-2)-u(t-3)]$ 的波形分别如下。

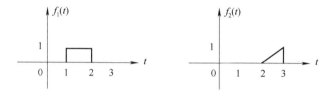

后面经常提到的门函数

$$g_\tau(t)=\begin{cases} 1 & |t|<\dfrac{\tau}{2} \\ 0 & |t|>\dfrac{\tau}{2} \end{cases}$$

可以用阶跃信号表示为 $g_\tau(t)=u\left(t+\dfrac{\tau}{2}\right)-u\left(t-\dfrac{\tau}{2}\right)$,而符号函数

$$\mathrm{sgn}(t)=\begin{cases} 1 & t>0 \\ -1 & t<0 \end{cases}$$

也可以用阶跃信号表示为 $\mathrm{sgn}(t)=u(t)-u(-t)$,门函数和符号函数波形如下。

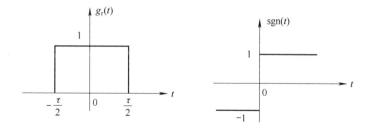

注意:用阶跃信号表示符号函数和门函数的表达式都不唯一。"

柳海风赞叹地说:"有了阶跃信号和冲激函数,一些分段函数的表达式紧

凑多了。"他稍微停顿了一下，探寻地问，"还有啊，我们'概率论'课程中那个离散型随机变量的分布

x	x_1	x_2	$\cdots$	x_n
p	p_1	p_2	$\cdots$	p_n

是不是也可以用

$$p(x) = \sum_{k=1}^{n} p_k \delta(x - x_k)$$

表示它的'分布密度'：在 x_k 以外，没有概率，密度为零，在 x_k 处，概率为 p_k，密度就是强度为 p_k 的冲激。"

狄拉克等人纷纷点头。在大学概率论课程中，因为不承认冲激函数，所以老师要分连续型随机变量和离散型随机变量，对连续型随机变量用分布密度表征，对离散型随机变量用概率分布表征，这对初学者来说很难理解。

柳海风受到鼓舞，继续说道："这样，随机变量的概率分布函数就可以表示为：$F(x) = \int_{-\infty}^{x} p(t)\mathrm{d}t$，类似地，可将其他有关连续型随机变量的结论推广到离散型随机变量。这样就将离散型随机变量和连续型随机变量统一起来啦！并且，p_k 表示随机变量取 x_i 的概率，因此 $p_k\delta(x - x_k)$ 就有了'随机变量在 x_k 处的概率密度'的含义，理解这种意义也有助于后面对频谱密度的含义的理解呢！"

狄拉克的脸上，掠过一丝不易察觉的得意，不动声色地点点头说："形式上看没毛病。"

新珠夸张地睁大了美丽的双眼，故作崇拜地说："柳老师，您真厉害，给您点个赞！"

柳海风有点不好意思，羞涩地笑了笑，低声说："谢谢！"

看大家讨论得差不多了，奥本海姆说："我们可以以冲激函数为核心构建一组信号，包括斜坡信号、阶跃信号、冲激信号、冲激偶信号，它们以微分的名义相联系，但又不是'高等数学'中的微分，它们是实际信号的理想化模

型，其共同特点是信号本身或其导数有跳变点，我们称这样的信号为奇异信号吧。连同前面介绍的一些基本信号，我们完整地构建了这门课的基本信号，而我们这门课所讨论的所有信号，是不是就可以总结为这些基本信号经加法、数乘、乘法、时移、微积分等运算之后的全体呢？"

甄德行说："奥老这个提议好。这样就明确了我们研究的信号对象，明确了哪些是我们该管的，哪些是我们不该管的，让学生心里有个数。"

梅森最后做了总结："那就这样吧。现在就明确，我们研究的信号对象，就是指数类信号和刚才说的奇异信号以及它们的加、减、乘、$at+b$ 的复合以及微积分，后面大家看看，我们该做什么工作了呢？"

梅森的话音刚落，就听有人接话说道："哈哈，诗曰：天下分析谁最大，还得看我老人家。老子若是不出面，怎知后头该干啥？"

听着这狗屁不通的所谓"诗"，众人不禁猜想，这又是谁来捣乱呢？现在做点事，真是太难了。

欲知后事如何，请看第五回：亚氏思想再显威　冲激信号初扬名。

第五回
亚氏思想再显威　冲激信号初扬名

　　上回说到，梅森带领一班人确立了"信号与系统"课程研究的信号的基本结构，正在讨论下一步工作该做什么的时候，听到有人念着诗就进来了，循着声音望去，人们惊喜地发现，亚里士多德又来了。看来老人家心情不错，还编了首诗，虽说不咋地，但作为一位没有接触过中文的老人，能做到这样已经很不错了。

　　原来，亚里士多德在古希腊看到这里正在构建"信号与系统"课程，这么热闹，忍不住过来看一眼，当听到说基本信号都已经构建齐全了，就忍不住炫耀起了他最得意的成果。

　　在有记录的人类历史上，亚里士多德是最早采用"分析"方法开展科学研究的。

　　看来人人都有一颗炫耀的心。亚里士多德把什么事都想得那么透彻，可凡夫俗子的这点虚荣心他却也抛不开，这么大岁数了还时不时出来刷个存在感。

　　众人一看亚老来了，都习惯性地以仰慕的眼神望着他，期待着他的教诲。

　　亚里士多德看到后人对他这么恭谨，心中不由泛起阵阵得意。他将了一把茂密的大胡子，朗声说道："分析是对对象研究的一种技术，就是把一个复杂、未知的或不清晰的对象分解为一些简单的、已知的或清晰的对象，这样就可以透过这些分解后的简单对象把握那个复杂对象的特点与性质。"

　　柳海风小声嘀咕了句："我们数学上早就这么做了，要你说。"

　　甄德行赶紧用手肘轻轻地捣了一下柳海风："数学上这么做也是来自于亚

老的思想。"

亚里士多德用眼角瞄了一下柳海风，继续说道："比如，在数学分析课程里，我让他们把一个函数分解成幂函数的和，这有什么好处？幂函数大家都很熟悉了呀！一个一般函数展开成幂级数后，求个值画个图，随便一个初中生就能很好地办到。我还让傅里叶他们把一个周期函数分解为正弦函数的和，这又有什么好处？让你看出了一般周期函数的基本构成。"

傅里叶赶忙插话："是的，亚老。我在傅里叶级数展开的基础上还建立了傅里叶变换的理论，引导人们在频域中研究、处理信号，对人类社会进步产生了巨大的推动作用，我正打算把这部分内容加入这个'信号与系统'课程。还有啊，这种方法还产生了一个新的数学领域，叫'调和分析'，养活了不少数学家呢！这都是您老的功劳。"

亚里士多德故作谦虚地摆了摆手："就你们这门课来说，通过将信号分解为某些基本信号的组合，可以看出组成信号的有关'成分'，进而得出信号的有关特性，简化运算或对信号进行具有针对性的处理，比如，将信号分解为直流分量和交流分量。

信号的直流分量就是信号的平均值。信号 $f(t)$ 在 $\left[-\dfrac{T}{2},\ \dfrac{T}{2}\right]$ 上的直流分量可以用积分的形式表示为 $f_{\mathrm{D}} = \dfrac{1}{T}\displaystyle\int_{-\frac{T}{2}}^{\frac{T}{2}} f(t)\,\mathrm{d}t$ ，在 $(-\infty, \infty)$ 上的直流分量可以用积分的形式表示为 $f_{\mathrm{D}} = \lim_{T\to\infty}\dfrac{1}{T}\displaystyle\int_{-\frac{T}{2}}^{\frac{T}{2}} f(t)\,\mathrm{d}t$

信号的交流分量是原信号与直流分量的差 $f_{\mathrm{A}}(t) = f(t) - f_{\mathrm{D}}$

信号可以分解为直流分量与交流分量的和 $f(t) = f_{\mathrm{D}} + f_{\mathrm{A}}(t)$

信号直流分量的特点在于它是常数，信号的交流分量的特点是其平均值为零。而且，这种分解的一个重要性质是：平均功率=直流功率+交流功率，即信号的总作用等于直流和交流作用的和。

$$P = \lim_{T\to\infty}\frac{1}{T}\int_{-\frac{T}{2}}^{\frac{T}{2}} f^2(t)\,\mathrm{d}t = \lim_{T\to\infty}\frac{1}{T}\int_{-\frac{T}{2}}^{\frac{T}{2}}[f_{\mathrm{D}} + f_{\mathrm{A}}(t)]^2\,\mathrm{d}t$$

$$= \lim_{T\to\infty}\frac{1}{T}\int_{-\frac{T}{2}}^{\frac{T}{2}}[f_\mathrm{D}^2+2f_\mathrm{D}f_\mathrm{A}(t)+f_\mathrm{A}^2(t)]\mathrm{d}t = f_\mathrm{D}^2+\lim_{T\to\infty}\frac{1}{T}\int_{-\frac{T}{2}}^{\frac{T}{2}}f_\mathrm{A}^2(t)\mathrm{d}t$$

上式用到了 $\int_{-\frac{T}{2}}^{\frac{T}{2}}f_\mathrm{D}f_\mathrm{A}(t)\mathrm{d}t = f_\mathrm{D}\int_{-\frac{T}{2}}^{\frac{T}{2}}f_\mathrm{A}(t)\mathrm{d}t = 0$ ，其中，当信号定义区间有界时，

不用取极限。

再比如，将信号分解为偶分量与奇分量的和。

对任意信号 $f(t)$ ，定义：

$$f_\mathrm{e}(t)=\frac{1}{2}\big[f(t)+f(-t)\big],\quad f_\mathrm{o}(t)=\frac{1}{2}\big[f(t)-f(-t)\big]$$

则易验证：　　　　　　$f_\mathrm{e}(t)=f_\mathrm{e}(-t),\quad f_\mathrm{o}(t)=-f_\mathrm{o}(-t)$

即 $f_\mathrm{e}(t)$ 为偶函数， $f_\mathrm{o}(t)$ 为奇函数，分别称为 $f(t)$ 的偶分量和奇分量。易见，对任意信号 $f(t)$ ，有 $f(t)=f_\mathrm{e}(t)+f_\mathrm{o}(t)$

由于偶函数和奇函数都具有对称性，这种分解方法的优点，是可以利用对称性简化信号运算。并且，信号的总平均功率也可以分解为偶分量与奇分量的功率之和

$$P=\lim_{T\to\infty}\frac{1}{T}\int_{-\frac{T}{2}}^{\frac{T}{2}}f^2(t)\mathrm{d}t=\lim_{T\to\infty}\frac{1}{T}\int_{-\frac{T}{2}}^{\frac{T}{2}}[f_\mathrm{e}^2(t)+f_\mathrm{o}^2(t)+2f_\mathrm{e}(t)f_\mathrm{o}(t)]\mathrm{d}t$$

$$=\lim_{T\to\infty}\frac{1}{T}\int_{-\frac{T}{2}}^{\frac{T}{2}}f_\mathrm{e}^2(t)\mathrm{d}t+\lim_{T\to\infty}\frac{1}{T}\int_{-\frac{T}{2}}^{\frac{T}{2}}f_\mathrm{o}^2(t)\mathrm{d}t=P_\mathrm{e}+P_\mathrm{o}$$

还比如，对信号做正交分解……"

"等等！"新珠急忙插话，"这里面怎么还有正交的事。正交不是向量垂直的推广吗？与你们的信号有什么关系呢？"

柳海风不等亚里士多德开口，赶忙说："正交这事我熟。设 $f_1(t)$ 和 $f_2(t)$ 是区间 $[t_1,t_2]$ 上的复变函数（复信号），则称 $\int_{t_1}^{t_2}f_1(t)f_2^*(t)\mathrm{d}t$ 为 $f_1(t)$ 和 $f_2(t)$ 的内积，记为 (f_1,f_2) ，其中 $f^*(t)$ 是 $f(t)$ 的共轭复数。当 $(f_1,f_2)=0$ 时，称信号 $f_1(t)$ 和 $f_2(t)$ 在区间 $[t_1,t_2]$ 上正交。

信号的正交性与区间有关。例如， $f(t)=-t$ 和 $g(t)=t^2$ 在区间 $[0,1]$ 上并不正交（因为 $(f,g)=-\frac{1}{4}$ ），但在区间 $[-1,1]$ 却是正交的。

设有定义在区间 $[t_1, t_2]$ 上的函数集 $\{f_1(t), f_2(t), \cdots, f_N(t)\}$，如果对于所有的 $i, j = 1, 2, \cdots, N$，都有

$$\int_{t_1}^{t_2} f_i(t) f_j^*(t) \mathrm{d}t = \begin{cases} 0 & i \neq j \\ k_i & i = j \end{cases}$$

则称该函数集为正交函数集，当其中的 $k_i = 1, i = 1, 2, \cdots, N$ 时，称为标准正交集（或规范正交集）。

如果在正交函数集 $\{f_1(t), f_2(t), \cdots, f_N(t)\}$ 之外，不存在函数 $\varphi(t)$ 满足

$$\int_{t_1}^{t_2} f_i(t) \varphi^*(t) \mathrm{d}t = 0 \qquad i = 1, 2, \cdots, N$$

则称此函数集为完备正交函数集。

例如三角函数集

$$\{1, \cos t, \sin t, \cos 2t, \sin 2t, \cdots, \cos nt, \sin nt, \cdots\}$$

就是区间 $(-\pi, \pi)$ 上的正交集。它不是规范正交集，但可以改造为规范正交集：

$$\left\{ \frac{1}{\sqrt{2\pi}}, \frac{1}{\sqrt{\pi}}\cos t, \frac{1}{\sqrt{\pi}}\sin t, \frac{1}{\sqrt{\pi}}\cos 2t, \frac{1}{\sqrt{\pi}}\sin 2t, \cdots, \frac{1}{\sqrt{\pi}}\cos nt, \frac{1}{\sqrt{\pi}}\sin nt, \cdots \right\}。"$$

新珠不耐烦了："你写了这多公式，头都看晕了！这都是什么呀？"

柳海风有点尴尬地看了一眼满脸愠怒的新珠，小心翼翼地说："这都是数学上规定好的呀！"

新珠说："这我知道。不过这么多啰里啰唆的公式，让我们这些工科学生怎么能明白呢？"

柳海风无奈地说："其实，直观上，咱们可以将正交理解为直线垂直的推广。你知道的，直线的垂直不仅在几何上带给我们极大的方便，而且在物理上，也有许多特别之处，比如力的分解。那么这么好的性质怎样推广到一般的函数呢？当然不能再提垂直了，但是，直线垂直意味着它们的夹角是 90°，等价于余弦值为 0，所以就从这个角度，将余弦推广到所谓的内积，它可以理解为衡量两个函数之间的关系的一种指标，而内积为零表示两个函数之间有一个特殊关系，称它为正交，类似于用夹角表示两条直线之间的相互关系，夹角为 90° 称为垂直，只是夹角只针对直线而内积可以针对任意函数。"

甄德行白了一眼柳海风，说道："你这么解释正交一点都不好懂。"

柳海风不满地问："依着你呢？"

甄德行说："我们定义 $\int_{t_1}^{t_2} f^2(t)\mathrm{d}t$ 为力 $f(t)$ 在 $[t_1,t_2]$ 上所做的功，那么

$$\int_{t_1}^{t_2}[f(t)+g(t)]^2\mathrm{d}t=\int_{t_1}^{t_2}f^2(t)\mathrm{d}t+\int_{t_1}^{t_2}g^2(t)\mathrm{d}t+2\int_{t_1}^{t_2}f(t)g(t)\mathrm{d}t$$

看到没有？$\int_{t_1}^{t_2}f(t)g(t)\mathrm{d}t$ 反映了这两个力函数 $f(t)$，$g(t)$ 之间的合作关系：

$\int_{t_1}^{t_2}f(t)g(t)\mathrm{d}t>0$，表示合力做的功大于各自做功之和，二者正相关，

$\int_{t_1}^{t_2}f(t)g(t)\mathrm{d}t<0$，表示合力做的功小于各自做功之和，二者负相关，

$\int_{t_1}^{t_2}f(t)g(t)\mathrm{d}t=0$ 表示二者合力做功不增加也不减少，这才叫正交。就好比两个酒量都是半斤的人一起喝酒，如果超过一斤，说明这俩人喝出感情来了，正相关；如果不到一斤，说明二人喝出矛盾了，影响了各自的酒量发挥；如果还是每人半斤，那就说明这二人'正交'，合着喝分着喝没有影响。"

新珠夸张地竖起大拇指，连声说："妙！妙！明白了！明白了!"

柳海风心里有一点点酸，抢着说道："信号自己也可以和自己做内积，结果叫范数，范数为 1 时就称为规范的……"

甄德行看到柳海风说得眉飞色舞，一脸的不屑，也顾不得讲什么礼貌，抢着说道：

"接着亚老刚才说的正交分解，我们先考虑实函数。设有 n 个实函数 $g_1(t),g_2(t),\cdots,g_n(t)$ 在区间 (t_1,t_2) 上构成一个正交函数集，这些函数的性质我们都很了解了，按照亚老的分析思想，为了分析一般的函数 $f(t)$，我们要想办法用这 n 个正交函数的线性组合来表示它，当然一般情况下可能并不那么凑巧，能够得到一个完全相等的表示，我们先考虑近似情况，即表示为

$$f(t)\approx c_1g_1(t)+c_2g_2(t)+\cdots+c_ig_i(t)+\cdots+c_ng_n(t)=\sum_{i=1}^{n}c_ig_i(t)$$

问题是，如何选择各系数 c_i 使 $f(t)$ 与近似函数之间的'误差'在区间 (t_1,t_2) 内为最小？从数学处理方便角度考虑，这一'误差'通常用均方误差

$$\overline{\varepsilon^2}=\frac{1}{t_2-t_1}[\int_{t_1}^{t_2}[f(t)-\sum_{i=1}^{n}c_ig_i(t)]^2\mathrm{d}t$$

表示，它表示函数 $f(t)$ 与近似函数之间误差的平均功率。

按照高等数学做法，令　　　$\dfrac{\partial \overline{\varepsilon^2}}{\partial c_i} = 0$ ，即

$$\frac{\partial}{\partial c_i} \int_{t_1}^{t_2} [f(t) - \sum_{i=1}^{n} c_i g_i(t)]^2 \, dt = 0$$

得　　　　　　　$$-2\int_{t_1}^{t_2} f(t)g_i(t)dt + 2c_i \int_{t_1}^{t_2} g_i^2(t)dt = 0$$

所以系数

$$c_i = \frac{\int_{t_1}^{t_2} f(t)g_i(t)dt}{\int_{t_1}^{t_2} g_i^2(t)dt} = \frac{1}{k_i} \int_{t_1}^{t_2} f(t)g_i(t)dt$$

这意味着当

$$c_i = \frac{1}{k_i} \int_{t_1}^{t_2} f(t)g_i(t)dt$$

时，均方误差最小，最小值为

$$\overline{\varepsilon^2} = \frac{1}{t_2 - t_1} [\int_{t_1}^{t_2} f^2(t)dt - \sum_{i=1}^{n} c_i^2 k_i]$$

由于 $\sum\limits_{i=1}^{n} c_i^2 k_i < \sum\limits_{i=1}^{n+1} c_i^2 k_i$ ，在用正交函数取近似 $f(t)$ 时，所取的项数越多，即 n 越大，均方误差越小。当 $n \to \infty$ 时（为完备正交函数集），均方误差为零。此时有

$$f(t) = \sum_{i=1}^{\infty} c_i g_i(t)$$

以及　　　　　　　$$\int_{t_1}^{t_2} f^2(t)dt = \sum_{i=1}^{\infty} c_i^2 k_i$$

这说明，函数 $f(t)$ 可分解为无穷多项正交函数之和，且在这种分解下，$f(t)$ 所含能量恒等于各正交分量能量的总和。”

亚老一看自己没有说话的机会了，也就不再说什么了，又悄悄地回到了古希腊。

甄德行继续说道：“总结来说，取定一个完备的正交函数集作为基本信号集，则任一信号都可以用这一组基本信号来表示，表示的方法就是将信号与每

一个基本信号做内积，求得系数，再做线性组合，这就是所谓的正交分解。这种分解的好处在于：第一，当我们只对信号的某些分量感兴趣时，就可以通过一个简单的乘积再积分运算，轻松地提取这些分量，这在工程上特别容易实现，而一般的非正交分解，比如函数的泰勒展开，就不容易做到；第二，选定基本信号后，可以只用其各分量的系数来表示一个信号，而不至于引起误解，比如，以 $\{1, \cos t, \sin t, \cos 2t, \sin 2t, \cdots, \cos nt, \sin nt, \cdots\}$ 作为基本信号，则 $3 + 2\cos t + 4\cos 2t + 2\sin 2t$ 就可以简单地表示为 $\{3,2,0,4,2\}$，表面上看这只是一个记号的简化，实际上由此带来的好处傅里叶最有体会。"

大家的目光转向了傅里叶，傅里叶笑而不语。大家都猜想这老先生在卖关子，但料定他迟早会自己跳出来"表演"，也就不说什么了。

只有柳海风的脸上露出了尴尬而不失礼貌的笑。

狄拉克在旁边默默地听了半天，这时突然插话：

"那个，吭吭，你们猜，冲激信号可不可以作为基本信号，用来表示其他的一般信号呢？"

甄德行急忙说："可以的，可以的，不仅是冲激信号，阶跃信号也可以用作表示其他一般信号的基本信号。"

众人一听，这奇异信号居然可以用来表示一般的信号，都好奇地盯着甄德行，想看看这到底是怎样一回事。

甄德行微微一笑："其实，大家都还记得，单位冲激信号有一个取样性质是这样的：

$$\int_{-\infty}^{\infty} f(t)\delta(t - t_0)\mathrm{d}t = f(t_0)$$

将式中积分变量 t 用 τ 表示，将 t_0 改写为任意时刻 t，得到

$$f(t) = \int_{-\infty}^{\infty} f(\tau)\delta(t - \tau)\mathrm{d}\tau$$

这个式子可不一般。"说完故作神秘地停顿了一下。

众人皆想，积分变量倒来倒去本来就是数学老师常干的事，反正就是一个符号，只要统一起来不相互矛盾就行呗！只是这样换一下就不一般了吗？

甄德行似乎看出了大家的疑惑，继续说道："表面上看，这种表示意义不

大，实际上，上式的左端是一个抽象函数，就是一般函数，而右端用到这个抽象函数的具体值。比如，假设 $f(t)$ 表示一天中温度随时间的变化关系，由于温度只能通过测量得到，因此， $f(t)$ 是抽象的，但是，用 $f(\tau)$ 表示任意时刻 τ 时的温度测量值，就可以将 $f(t)$ 表达为这个积分式，它代表了 $f(t)$ 的一个封闭表达式，大家知道，积分本质上就是一个加权求和，因此，这也是一种分解方式。而且，在这门课中，将利用这一分解式推出求解系统零状态响应的一种重要方法——卷积积分法。"

柳海风急忙说："等一下，等一下，看你这个分解式！"柳海风指着

$$f(t) = \int_{-\infty}^{\infty} f(\tau)\delta(t-\tau)\mathrm{d}\tau$$

说："你是说这个 $f(t)$ 是抽象函数，是'老天爷'才知道的，这个 $f(\tau)$ 是取样值，是人可以看到的？"

甄德行点了点头："嗯嗯。"

柳海风惊叹到："这岂不是意味着，只有天知道的事情被你们给用公式表示出来了？这也太神奇了吧！"

看到柳海风那没见识的傻样，新珠忍不住哧哧笑了出来。甄德行奇怪地看着新珠，问："你笑什么？"

欲知后事如何，请看第六回：电路倾心逐信号　落花有意水无情。

第六回
电路倾心逐信号　落花有意水无情

上回说到，看到柳海风的傻样，电路分析老师新珠忍不住咻咻地笑了起来。

甄德行疑惑地问："你笑什么？"

新珠不好意思让人家看出来她对柳海风的轻视，忙收敛了笑容，调皮地说："没什么，我在纳闷这作者写《大话信号与系统》都这么久过去了，怎么只见'信号'，不见'系统'呢？"

甄德行"嗷"了一声说："他这人一向啰唆，说话半天扯不到正题。系统这个词，我们可以从宏观和微观两个层面上去理解。宏观上，钱学森认为：系统是由相互作用、相互依赖的若干组成部分结合而成的，具有特定功能的有机整体，而且这个有机整体又是它从属的更大系统的组成部分。微观上，系统可以看成是联系两个对象之间的一个纽带。纠结这种概念该怎么定义不是咱们这些普通人的事，我们先不管它。在我们的课程中，对系统可以从三个角度去理解。

在数学上，系统代表激励信号和响应信号（也可以称之为输入信号和输出信号）之间的一种变换关系，即系统 H 的作用是把激励信号 $e(t)$ 变成响应信号 $r(t)$。

在工程应用角度上，系统代表一个传输器、变换器或者处理器。输入信号 $e(t)$ 经系统作用后变为输出信号 $r(t)$。

在本课程中，系统就是一个含有电源的电路。电源电压（或电流）通常被视为系统的输入，电路中某部分的电压或电流被视为输出。"

新珠开心地笑了："哦，原来我们课程中的电路就是你们的系统。看来这两门课之间的关系是真的亲密呢！"

甄德行道："是的。我们心目中的系统比电路的概念要宽泛很多，但我们研究的切入点就是具体的电路，这就是常说的大处着眼小处着手吧，呵呵！还有我们也不接触电路的实际物理器件，我们眼中的实际系统就是你们的电路图。在此基础上，我们要用到它的几种方便的表示。"

"哪几种？"新珠问。

"首先是数学方程，如果系统只含有电阻、电感、电容等线性元件，那它就可以用一个线性常系数微分方程来表示，对系统进一步的分析研究往往就是基于这个微分方程的。

其次呢，是系统的框图，或者叫模拟图，就是把代表加法、数乘和积分运算的符号用线连接起来，表示系统输入信号到输出信号的变换过程。

对系统框图进一步简化，就得到信号流图，这个放到控制论课程中去介绍。

然后，对系统，还有一种非常奇妙的表示方法，就是将系统对激励的作用转化为某函数与激励的运算，然后用这个函数作为系统的代表，这是一种非常精巧的方式，也是本课程的亮点之一，等你读到本书的第八回就明白啦。"

新珠听得似懂非懂。"感觉我的课程里那么具体的一个东西被你们给一般化了。"

"是的。一个具体的对象，有了一般化的表示式，就可以在一般的意义下进行更深入、更宽泛的研究了。在一般的意义下，我们就可以研究系统的一般特性。比如：如果任意两个激励共同作用时，系统的响应均等于每个激励单独作用时所产生的响应之和，就称系统具有叠加性。

如果激励放大或缩小 k 倍，系统的响应也放大或缩小 k 倍，则称系统具有齐次性。

如果系统同时具有齐次性和叠加性，就称系统具有线性。"

新珠继续问道："研究这个线性有啥意思啊？"

甄德行说："我也不是很清楚。好像他们都把线性当作多么了不起似的，数学里讲一个运算都会说一下它的线性，比如极限运算线性，求导运算线性，积分运算线性，到后面的傅里叶变换、拉普拉斯变换还有 Z 变换都说有线性。"

柳海风自信地笑了笑："你们不知道了吧？呵呵，这里面可有大学问呢！"

要说平常，甄德行倒不怎么讨厌柳海风，毕竟也曾经学过"高等数学"嘛！虽无师生之分，却有师生之名。但这一刻，甄德行觉得这糟老头子特别犯嫌。

柳海风看都不看甄德行，对着新珠侃侃而谈："你知道，古希腊的亚里士多德发明了一种称为'分析'的科学研究方法，就是将复杂的对象分解为简单对象，然后通过对简单对象的研究实现对复杂对象的研究……"

新珠连连点头："嗯嗯，上次亚老亲自来说过。"

柳海风继续说道："在数学上，简单对象怎样构成复杂对象？或者说，复杂对象怎样分解为简单对象才最方便？由若干个简单对象构建新对象最简单的方式就是加法和数乘，也就是将简单对象直接加起来或者乘上一个常数，这就是线性运算。若干个对象以线性运算组合的方式生成新的对象，可以得到你们在'线性代数'课程中学习过的'线性组合'并进而生成一个'线性空间'，这是组织研究对象的最简单方式。如果另外一种运算与线性运算可以交换顺序，那就称这种运算是线性的。"

新珠歪着头想了一会，恍然大悟地说："你是不是想说，如果一个系统是线性的，那在求一般输入信号响应的时候，可以把这个一般信号分解成简单信号的线性组合，这样就可以通过简单信号的响应用与其相同形式的线性组合求得一般信号的响应呢？或者说，对线性系统，当激励可以分解为 $3x+2y$，x,y 的响应分别是 a 和 b 时，则响应就是 $3a+2b$？"

柳海风得意地说："是的，是的，这就是线性的妙用，也是几乎所有自然科学类课程的通用套路。无论是哪一行，只要和线性有关，都用这个法子解决，而且所有的线性问题都能解决得很好。"

"不过……"柳海风话锋一转，略带忧伤地说："这法子用了两千多年了，至今没有新的突破。这或许是非线性科学没有实质性突破的根本原因。我们受这个思维方式禁锢，在非线性问题上想不出这么好的一般思路了。"

甄德行不服气地问："那这个时不变性

$$e(\cdot) \to r(\cdot) \Rightarrow e(t - t_d) \to r(t - t_d)$$

你又有什么说法呢？"

柳海风盯着这个式子看了半天："你是说，如果 $e(t)$ 的响应是 $r(t)$，那么 $e(t-t_d)$ 的响应就是 $r(t-t_d)$ 吗？这个不是各学科的通用性质，是你们自己课程里特有的吧？"

新珠知道甄德行是在难为柳海风，但依然直率地说："这不就是说，如果激励延时一段时间加入，响应也会延时同样的时间，但波形不会发生变化。这也是对系统特性的一种理想化假定：系统特性不随时间变化而变化。"

甄德行稍稍叹了口气，说："还有因果性：如果系统在任何时刻的输出只取决于输入的现在与过去值，而不取决于输入的将来值，则称此系统为因果系统。这一特性称为因果性。

非因果系统是响应能领先于激励的系统，它的输出与输入的将来值有关。这个性质比较简单，易于理解。所有实际的物理系统都是因果的，非因果系统物理上不可实现，但可以利用计算机实现。

讲起来也可怜。我们轰轰烈烈的这门课程，也就研究个线性时不变因果系统，这是动态系统中最为简单的系统，稍微复杂一些的系统，我们就不涉及了。"

通常的教授，都是夸自己的课多么多么神通广大，学了就能成仙成圣似的，甄德行今天这么低调，难道是受什么刺激了？

正在此时，一个懒懒的声音传了过来："听说判断系统线性时不变性的题目好难好难啊，你们谁有什么绝招啊？"

循着声音望去，原来是刚睡醒的"摆尾"。

他名叫"摆尾"正在跟柳海风学习高等数学，是柳教授最欣赏的学生，上课总在半梦半醒之间。这不，刚学习"高等数学"呢，就关心起"信号与系统"来了。

甄德行望了一眼摆尾，此时他还不认识这个睡眼惺忪毫不起眼的小朋友，不过很快他就知道此人的厉害了："解这个类型的题目，关键是把握两点。第一，准确理解系统激励与响应之间的关系。第二，理解线性时不变性的本质是交换性。我们结合例子来说吧。

例：判断系统 $r(t) = e(t)\cos t$ 的线性时不变性。

解这个题目，首先要明白，这个系统的输入输出关系是：对任意激励信号，都把它乘以 $\cos t$ 后输出。

判断线性：对两个激励 $e_1(t), e_2(t)$。

先做线性组合得 $k_1 e_1(t) + k_2 e_2(t)$，再经过系统，得 $[k_1 e_1(t) + k_2 e_2(t)]\cos t$；

先经过系统得 $e_1(t)\cos t, e_2(t)\cos t$，再做线性组合，得 $k_1 e_1(t)\cos t + k_2 e_2(t)\cos t$

显然这两个结果是一样的，因而系统具有线性。

对激励 $e(t)$，先经过系统，得 $e(t)\cos t$，再时移，得 $e(t-t_d)\cos(t-t_d)$；

先时移，得 $e(t-t_d)$，再经过系统，注意系统的作用就是对激励乘以 $\cos t$，所以得到的是 $e(t-t_d)\cos t$，这两个结果显然不一样，因而是时变的。"

摆尾一看："哇，so easy！"，说罢又昏昏睡去。

别看摆尾睡得多醒得少，人家学习可没耽误，后来读研读博专攻移动通信，写了好多的高水平论文，成了一代大师。他所发明的"睡梦学习法"也得到推广，有些学校还专门在课前组织催眠，让学生进入半睡眠状态后才开始讲课，由此还带火了一个行业：催眠师。

柳海风没话找话地问："那么，由电源、电阻、电感、电容构成的电网络或电路系统是不是线性时不变的呢？"

新珠皱了下眉头，不等甄德行开口，抢着说道："这个问题比较复杂。因为电路嘛，你懂的，有时构成电路的动态元件内会有一些电荷，导致电路的初始状态各不相同。电路对激励的响应，不仅与电路本身有关，而且还跟电路的初始状态有关。也就是系统响应为两种因素共同作用的结果。在电路分析课程里，我们就已经教会学生：将初始状态为 0 时的系统响应称为零状态响应，记为 r_{zs}；将激励为 0 时的系统响应称为零输入响应，记为 r_{zi}。

对一般的系统来说，全响应并不一定是零输入响应和零状态响应之和。但我们这门课程，只研究全响应可以分解为零输入响应和零状态响应之和的系统，这称为分解性。

如果含有动态元件的电路系统的初始状态不为零，那么系统对输入一定不满足线性。"

甄德行急不可耐地插话："那不行。要是这样的话，电路分析课中的一般系统将被摒弃在线性系统之外，我们的课程就失去了抓手，课程就缺少了基础。我们要将通常的线性概念针对电路系统进行拓展。"

新珠说："那这样吧，我来提个建议，对一个电路系统，如果它满足以下三个条件，则称之为线性系统。

1. 分解性

线性系统的响应可以分解为零输入响应与零状态响应之和，即

$$r(t) = r_{zi}(t) + r_{zs}(t)$$

2. 零输入线性

线性系统的零输入响应关于各初始状态满足可加性和齐次性，即

若　　　　　　　$x_k(0_-) \rightarrow y_{zik}(t)$　　　$(k = 1, \cdots n)$　　　$t \geqslant 0$

则　　　　　　　$\sum_{k=1}^{n} a_k x_k(0_-) \rightarrow \sum_{k=1}^{n} a_k y_{zik}(t)$　　　$t \geqslant 0$

3. 零状态线性

线性系统的零状态响应关于各输入激励满足可加性和齐次性，即

若　　　　　　　$f_k(t)u(t) \rightarrow y_{zsk}(t)u(t)$　　　$(k = 1, \cdots m)$

则　　　　　　　$\sum_{k=1}^{m} a_k f_k(t)u(t) \rightarrow \sum_{k=1}^{m} a_k y_{zsk}(t)u(t)$　　　$t \geqslant 0$

反过来，今后所提到的线性系统，也是指满足以上三个条件的电路系统。你们看呢？"

甄德行征询地望了一眼柳海风，柳海风稀里糊涂地点了下头，心想：你们自己课程里的事，跟我有什么关系。

甄德行认真想了一下，小心翼翼地说："看起来很合理，要不就这样吧！"

柳海风突然脑洞大开："线性系统意味着信号通过系统与信号做线性组合运算的顺序可以交换，就是先通过系统再组合和先组合再通过系统的结果是一样的，那么对线性系统，信号先做其他的线性运算再通过系统和先通过系统再做运算结果是不是一样的呢？比如微积分运算？"

甄德行坏坏地笑着说："你是数学老师，你推导一下喽！"

柳海风和其他所有的数学教师一样，见题必算，不算不甘。至于算得出来算不出来那是另外一回事，听到甄德行这么说，马上取过纸笔，认真地演算了一下，兴奋地大喊："对的对的，我猜对了，不过要加上时不变性！"

是的，对线性时不变系统的确有一个微积分特性：

若 $r_{zs}(t)$ 是线性时不变系统在激励 $e(t)$ 下的零状态响应，则由 $e'(t)$ 和 $\int_0^t e(t)\mathrm{d}t$ 所引起的零状态响应分别为 $\dfrac{\mathrm{d}r_{zs}(t)}{\mathrm{d}t}$ 和 $\int_0^t r_{zs}(t)\mathrm{d}t$。

这个性质连同柳海风的推导都已经写入了所有的"信号与系统"教材，这里就不重复了。

奥本海姆看到三个后生一会儿和谐融洽，一会儿钩心斗角，忍俊不禁。看看三个人讨论得差不多了，就装作严肃地提醒说：

"电路只是我们这门课里代表'系统'这个概念的一个具体实现，比电路更一般的系统是可以用常系数线性微分（差分）方程描述的系统。对这类系统，分别研究其对自身储能的响应和对外界激励的响应时，满足线性时不变特性。反过来，对满足线性时不变特性的动态系统，也都可以用常系数线性微分（差分）方程描述。同时对实际中的一些系统，经过适当处理和合理近似后都可以认为满足线性时不变特性。"

甄德行连连点头，说："好吧好吧，我去跟作者说，从现在起，就把由常系数线性微分或差分方程描述的系统与线性时不变系统等同起来，对线性时不变系统，总认为它有一个常系数线性微分方程作为模型，而对一个常系数线性微分方程，增加适当的初始条件后也认为它代表一个实际的系统。"

新珠朝甄德行调皮地吐了一下舌头，笑着说："现在信号有了，系统也有了，你们'信号与系统'课程三大基本任务是啥来着？信号分析、系统分析、信号通过系统的求解？"

柳海风急忙说："看起来是要讨论信号通过系统的求解了。我怎么感觉，这其实就是一个数学建模问题呢？这我可是专业的。"

欲知后事如何，请看第七回：海风劲吹经典法　新珠娓娓道双零。

第七回
海风劲吹经典法　新珠娓娓道双零

　　柳海风听说要求解系统对激励的响应，立即兴奋了起来。近几十年来，兴起了一股数学建模风，就是对一些实际的物理现象或过程，借助适当的方法，建立一个数学模型来刻画它，然后通过求解数学模型来解决相应的实际问题，柳海风在这方面有些心得，据说拿过不少奖呢！

　　柳海风得意地说："通常含有储能元件的系统，像电学中的 RLC 串联电路、力学中的机械位移系统，甚至是社会科学中的生态系统，都可以用一个微分方程去描述它。以电系统为例，建立数学模型的基本依据是电路分析课中学过的元件特性约束（元件伏安关系）和网络拓扑约束（基尔霍夫定律），举个例子。

　　如下图所示的一个 RLC 串联电路，设输入信号为 $e(t)$，输出信号为电容两端的电压 $u_c(t)$，根据动态元件的伏安关系，可以得到该回路的电流就是电容上的电流 $i(t) = C\dfrac{\mathrm{d}u_c(t)}{\mathrm{d}t}$，电感 L 两端的电压 $u_L(t) = L\dfrac{\mathrm{d}i(t)}{\mathrm{d}t} = LC\dfrac{\mathrm{d}^2 u_c(t)}{\mathrm{d}t^2}$，利用基尔霍夫电压定律，系统的微分方程为

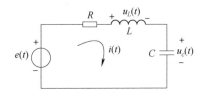

$$e(t) = LC \frac{\mathrm{d}^2 u_c(t)}{\mathrm{d}t^2} + RC \frac{\mathrm{d}u_c(t)}{\mathrm{d}t} + u_c(t)$$

整理可得

$$\frac{\mathrm{d}^2 u_c(t)}{\mathrm{d}t^2} + \frac{R}{L} \frac{\mathrm{d}u_c(t)}{\mathrm{d}t} + \frac{1}{LC} u_c(t) = \frac{1}{LC} e(t)$$

这一方程即为该电路的输入-输出模型，由于它包含两个独立的动态元件，所以它是一个二阶微分方程。以此类推，n 阶动态电路的数学模型可以使用 n 阶微分方程来描述。

一般地，设电路的激励为 $e(t)$，响应为 $r(t)$，则在线性时不变条件下，描述该电路系统的常系数线性微分方程为

$$a_n \frac{\mathrm{d}^n r(t)}{\mathrm{d}t^n} + a_{n-1} \frac{\mathrm{d}^{n-1} r(t)}{\mathrm{d}t^{n-1}} + \cdots + a_1 \frac{\mathrm{d}r(t)}{\mathrm{d}t} + a_0 r(t)$$
$$= b_m \frac{\mathrm{d}^m e(t)}{\mathrm{d}t^m} + b_{m-1} \frac{\mathrm{d}^{m-1} e(t)}{\mathrm{d}t^{m-1}} + \cdots + b_1 \frac{\mathrm{d}e(t)}{\mathrm{d}t} + b_0 e(t)$$

其中 $a_n, a_{n-1}, \cdots, a_0, b_m, b_{m-1}, \cdots, b_0$ 为微分方程的系数。"

新珠心想，"这人脸皮真厚，我这上电路分析课的优秀教师还没开口，他倒嘚啵嘚啵说完了。"

柳海风得意扬扬地继续说："像这样内部结构比较清晰的系统，又有确定的物理规则约束，它的模型是比较容易得到的，并不需要复杂的技巧。而且，不同应用场景的物理现象往往可以用同一类模型去描述。如果系统含有动态元件，那么它的模型就是微分方程；如果元件是定常的，也就是元件特性不会随着时间而发生变化，那么方程就是常系数的。其中，最简单的一类就是线性常系数微分方程。"

甄德行就看不惯柳海风那目空一切的样子，立即抢过话茬："线性常系数微分方程只是系统的一种表示方法，它表达了系统输入与输出之间的关系，称为系统的输入-输出描述法。我们这门课主要用到的就是输入-输出描述法。当然，系统的输入-输出表示也不仅仅是方程这一种，后面还会学习其他的形式，而且得到这种表示方法也不是都需要采用上面的分析方法。对某些系统，我们可能并不知道它的内部结构，但当我们假设它是线性时不变系统时，也一

样能够通过它在特定情况下的输入-输出关系或其他表示方法得到它的一个线性常系数微分方程。当然，这时候它所对应的实际物理系统并不是唯一的，但输入-输出关系是一样的。注意，电路对我们这门课来说就是一个例子，这也是我们不太涉及电路的物理原型的主要原因。"

柳海风对甄德行也有些不高兴，还没等人家话音落地呢，马上就说："根据微分方程求解系统对激励的响应，就是我们在高等数学里已经介绍的求解微分方程。如果大家感兴趣，我可以替大家总结一下。"

柳海风也不管人家感不感兴趣，他自顾自说道："对一个 n 阶线性常系数微分方程的求解问题，我们把它分为三步。第一步，求对应齐次方程的通解，简称齐次解；第二步，求特解；第三步，利用边界条件定解。

首先来看齐次解，容易检验，如果 $y_1(t)$ 和 $y_2(t)$ 是方程的解，则 $k_1 y_1(t) + k_2 y_2(t)$ 也是方程的解。这就意味着，齐次解构成一个线性空间，这里就用到了线性代数的知识，不过上过大一的读者都应该明白。这样，只要求出这个方程的一组极大线性无关解，就等于把它的全部解都求出来了。

如果方程是 n 阶的，那么，它就有 n 个线性无关解，可以采用特征方程法确定一组线性无关解。也就是说，按照方程形式写出特征方程，求出特征根，就可以根据特征根的情况写出相应的线性无关解了，这一段没什么难度，高等数学、信号与系统课程中都有清晰的表述，这里就不重复了。

值得注意的是，引入虚指函数后，共轭复根的情况不用单独考虑，当作单根就可以了。

对 n 阶方程确定了一组线性无关解后，就得到齐次方程的通解表达式——这组线性无关解的线性组合。对于非齐次方程，可以根据右边函数形式确定一个可能的特解，见下表。

典型激励对应的特解形式

激　励	特解的形式
A（常数）	B（常数）
t^n	$C_1 t^n + C_2 t^{n-1} + \cdots + C_n t + C_{n+1}$
e^{at}	Ce^{at}

（续）

激　　励	特解的形式
$\cos \omega t$	$C_1 \cos \omega t + C_2 \sin \omega t$
$\sin \omega t$	
$t^n e^{at} \cos \omega t$	$(C_1 t^n + C_2 t^{n-1} + \cdots + C_n t + C_{n+1}) e^{at} \cos \omega t +$
$t^n e^{at} \sin \omega t$	$(D_1 t^n + D_2 t^{n-1} + \cdots + D_n t + D_{n+1}) e^{at} \sin \omega t$

　　这就是前面说的指数类函数的好处之一——作为线性常系数微分方程解的一般形式。如果式右边是 $\ln t$ 或者 $\arctan t$ 或者其他什么函数该怎么办呢？这种情况我们先不考虑，由其他课程去研究。

　　将设定的特解形式代入原方程求得待定系数，就可以得到微分方程的一般解。

　　最后，根据边界条件，确定系数，就得到微分方程的解，也就是系统对指定激励的响应了。

　　例如，给定微分方程 $\dfrac{\mathrm{d}^2 r(t)}{\mathrm{d}t^2} + 5\dfrac{\mathrm{d}r(t)}{\mathrm{d}t} + 6r(t) = \dfrac{\mathrm{d}e(t)}{\mathrm{d}t} + 6e(t)$，求激励 $e(t) = t$，初始条件 $r(0) = 1, r'(0) = 1$ 时系统的响应。

　　解　显然，对应齐次方程 $\dfrac{\mathrm{d}^2 r(t)}{\mathrm{d}t^2} + 5\dfrac{\mathrm{d}r(t)}{\mathrm{d}t} + 6r(t) = 0$ 的特征根为 -2、-3，将 $e(t) = t$ 代入方程右边，得 $6t + 1$，可设特解的形式为

$$r_p(t) = k_1 t + k_2$$

其中 k_1 和 k_2 是待定系数。代入原方程，得

$$5k_1 + 6k_1 t + 6k_2 = 6t + 1$$

所以，

$$\begin{cases} 5k_1 + 6k_2 = 1 \\ 6k_1 = 6 \end{cases}$$

解得 $k_1 = 1$，$k_2 = -\dfrac{2}{3}$。

所以此微分方程的解可写为 $r(t) = C_1 e^{-2t} + C_2 e^{-3t} + t - \dfrac{2}{3}$。

其中 C_1 和 C_2 是待定常数。代入初始条件，容易得到此微分方程的解为

$$r(t) = 5e^{-2t} - \frac{10}{3}e^{-3t} + t - \frac{2}{3}, \quad t > 0 \text{。}$$

在这里，我们可以看到齐次解部分与激励形式无关，只决定于系统的特征根，因而称为系统的自由响应（即由系统自主决定的，特征根也称为系统的固有频率或自然频率或自由频率）。特解取决于系统的激励，是在外加激励作用下的响应，因而称为强迫响应。"

新珠撇了撇嘴说："你们这种求解的方法数学原理清晰，解的结构清晰，意义也清晰，但还有两个问题你们还没有说清楚。"

柳海风好奇地问："哪两个问题？"

"第一个问题，你们把全响应分解为自由响应和强迫响应，分别由系统和激励所决定，但是没有说明这个自由响应是谁导致的。换句话说，系统特征根决定了自由响应的形式，但谁引起了这个响应没有说。同样道理，激励决定了强迫响应，但也没有说明激励除了决定强迫响应外，对自由响应是否产生影响呢？

第二个问题，边界条件是怎样得来的？是量出来的还是算出来的？"

新珠这一问，彻底把柳海风问住了。在高等数学中，初始条件一直是以已知条件形式给出的，从来没有人追究过这个值是怎样得到的。柳海风不好意思地挠了挠头，笑嘻嘻地看着新珠，等她继续说下去。

新珠微微一笑，继续说道："为了说清楚问题，我们把 0 时刻分为 0_、0 和 0₊三个时刻，通俗地说，0 时刻加入系统激励，0_时刻是激励加入之前的最后时刻，0₊时刻是激励加入后的最早时刻。"

柳海风歪着头想了一会儿，点点头："明白，好像是合理的。"

新珠不去理会柳海风，继续说道："这个 0_时刻，激励还没有加入，电路的状态取决于电路结构和储能元件的初始储能，是可以通过仪器测量或计算的，表现为 0_时刻的初始条件，0 时刻激励加入，激励和初始储能共同作用于系统产生响应，0₊时刻系统的状态中既含有激励的作用，又含有系统初始储能的作用，这两个条件是不一样的，相对来说，0_时刻的值更容易取得。"

柳海风一下子愣住了："你的意思是说，数学界一直引用的初始条件是一个无法客观得到的臆想值？"

甄德行不耐烦地抢着说："没有那么邪乎。根据系统方程和 0_- 时刻的系统状态，我们是有办法计算 0_+ 时刻系统状态，也就是初始条件的，具体方法你可以去看郑君里的教材。不过等学完拉普拉斯变换后，我们就可以直接使用 0_- 时刻的初始条件，所以为了降低课程难度，这个问题不讨论也罢。"

新珠正色道："话是这么说，但从弄明白电路响应的角度，这个事还是要说清楚的。在电路分析课程里，我们把系统对激励的响应分解为零输入响应和零状态响应。零输入响应就是在激励为零时仅由系统初始储能作用引起的响应，零状态响应就是初始状态为零时仅由激励引起的响应。"

柳海风忍不住插话："你那个零输入响应，不就是我们这里的齐次解吗？"

新珠道："不是的。尽管它们的形式是一样的，但由于定解条件的不同，它们还是有很大区别的。在由零输入响应确定待定系数时，我们用到的是 0_- 时刻的值（与零状态响应无关）。你们用的是 0_+ 时刻的值，它不可避免地包含了零状态响应中与零输入响应形式相同的部分，这么说不大好懂，我给你举个例子吧。

已知某系统的微分方程为

$$\frac{\mathrm{d}^2}{\mathrm{d}t^2}r(t) + 3\frac{\mathrm{d}}{\mathrm{d}t}r(t) + 2r(t) = e(t)$$

求 $r(0_-)=1$，$r'(0_-)=2$ 下，系统对激励 $e(t)=\mathrm{e}^{-3t}u(t)$ 的响应。

解　由于系统的零输入响应与激励无关，所以可以写出系统的齐次方程

$$\frac{\mathrm{d}^2}{\mathrm{d}t^2}r_{\mathrm{zi}}(t) + 3\frac{\mathrm{d}}{\mathrm{d}t}r_{\mathrm{zi}}(t) + 2r_{\mathrm{zi}}(t) = 0$$

特征方程为　　　　　　　　$\alpha^2 + 3\alpha + 2 = 0$

特征根为　　　　　　　　$\alpha_1 = -1$，$\alpha_2 = -2$

零输入响应的形式为　　　$r_{\mathrm{zi}}(t) = (A_1\mathrm{e}^{-t} + A_2\mathrm{e}^{-2t})u(t)$

代入 $r(0_-)=1$，$r'(0_-)=2$，得

$$\begin{cases} A_1 + A_2 = 1 \\ -A_1 - 2A_2 = 2 \end{cases}$$

解出 $A_1 = 4$，$A_2 = -3$。

所以系统的零输入响应为 $r_{zi}(t) = (4e^{-t} - 3e^{-2t})u(t)$

如果我们求得系统的零状态响应为 $r_{zs}(t) = \left(\dfrac{1}{2}e^{-t} - e^{-2t} + \dfrac{1}{2}e^{-3t}\right)u(t)$

这样，系统的全响应就为

$$r(t) = r_{zi}(t) + r_{zs}(t)$$
$$= (4e^{-t} - 3e^{-2t})u(t) + \left(\frac{1}{2}e^{-t} - e^{-2t} + \frac{1}{2}e^{-3t}\right)u(t)$$
$$= \left(\frac{9}{2}e^{-t} - 4e^{-2t} + \frac{1}{2}e^{-3t}\right)u(t)$$

这里，$\dfrac{1}{2}e^{-t} - e^{-2t}$ 就是前面说的'零状态响应中与零输入响应形式相同的部分'。"

柳海风不服气地说："这个题目要是用经典法来解，会有什么不一样吗？"

新珠笑道："这个简单，通过上面的过程可以看出，齐次方程的两个线性无关解是 e^{-t} 和 $-e^{-2t}$，一个特解是 $\dfrac{1}{2}e^{-3t}$，这样，微分方程的通解就是

$$r(t) = C_1 e^{-t} + C_2 e^{-2t} + \frac{1}{2}e^{-3t}$$

这时的初始条件仍然是 $r(0_+) = 1$, $r'(0_+) = 2$，这是因为题目隐含了一个条件，那就是在起始点处系统没有跳变，所以 0_- 时刻和 0_+ 时刻系统的状态一样（当系统有跳变时，就不一样了，具体讨论去看郑君里的教材，一般情况下可以不管它。）

代入初始条件，就得到全响应 $r(t) = \left(\dfrac{9}{2}e^{-t} - 4e^{-2t} + \dfrac{1}{2}e^{-3t}\right)u(t)$。

两个结果一比较，就可以看到，全响应中 $\dfrac{9}{2}e^{-t} - 4e^{-2t}$ 是自由响应，它由系统初始状态作用、系统结构决定；$\dfrac{1}{2}e^{-3t}$ 是强迫响应，它是由激励决定的；

$4e^{-t} - 3e^{-2t}$ 是零输入响应，它是自由响应的一部分；$\dfrac{1}{2}e^{-t} - e^{-2t} + \dfrac{1}{2}e^{-3t}$ 是零状

态响应，它不仅有外加激励的作用，同时也受系统自身结构的影响。

一般地，系统响应可以这样来分解

$$r(t) = \underbrace{\sum_{k=1}^{n} A_k e^{\alpha_k t}}_{\text{自由响应}} + \underbrace{B(t)}_{\text{强迫响应}}$$

$$= \underbrace{\sum_{k=1}^{n} A_{zik} e^{\alpha_k t}}_{\text{零输入响应}} + \underbrace{\sum_{k=1}^{n} A_{zsk} e^{\alpha_k t} + B(t)}_{\text{零状态响应}}$$

是不是很清晰？"

柳海风郁闷地说："太复杂了，不过你那个零状态响应是怎么求出来的好像没有说。"

新珠笑了："甄老师他们发明了一种卷积法，专门用来求系统零状态响应，非常好用。这正好也是'信号与系统'课程里最亮的星，就由甄老师给你介绍吧。"

柳海风转过脸看着甄德行，甄德行得意地说："是的，这个问题的解决方案是我们这门课的一个亮点，但还不是最亮的。为了直接求取系统的零状态响应，我先卖个关子，从单位冲激响应开始讲起吧。"

欲知后事如何，请看第八回：德行巧施偷天技　冲激无辜惹系统。

第八回
德行巧施偷天技　冲激无辜惹系统

看到柳海风一脸疑惑，甄德行耐心地说："我们这门课对系统的分析方法总体思路是输入-输出分析法。也就是根据系统的输入-输出关系来判定系统的特性。尽管前面在建立电路模型时利用了电路的内部结构，但那仅仅是一个实例，我们课程所针对的可不仅仅是电路这样的系统，还可以有其他系统，比如机械、力学、生物等学科里的简单系统。所以，我们真正关心的是对给定的系统，它的激励与响应之间的对应关系。我给你举个更简单的例子吧，你要做一台弹簧秤，找到一根弹簧，先要确定它上面所挂的重物与弹簧伸展长度的关系。假设这个关系是线性的，你就不必去研究材质、结构等因素，只要找到弹簧的弹性系数 k，就可以知道这个关系了，就可以做秤了。而为了找到这个弹性系数，你该怎么做呢？"

甄德行摆了摆手，制止住想说话的柳海风："很显然，第一步，用尺子量出弹簧的初始长度 b；第二步，找一个单位质量的砝码挂在弹簧上，再量出弹簧伸长的长度 l；第三步，计算 $k=l-b$，现在，这根弹簧对你来说就没有秘密了——它的初始长度是 b，将任意质量 x 的砝码挂到弹簧上之后，弹簧的长度就是 $y=kx+b$，这个 k 就是反映弹簧的全部输入-输出特性的一个参数。"

这一刻，柳海风把甄德行揍一顿的心都有了，他心中暗想："这我在初中就会了，还要你叽歪叽歪说吗？"

甄德行看出了柳海风的不满，忙提高了声音说道："我们研究线性时不变系统的想法与这个过程是完全类似的，问题的核心就是，对线性时不变系统而言，这个'砝码'在哪里，这个'弹性系数'又是什么呢？"

柳海风一下子明白了，激动地喊道："明白了，你所说的'砝码'是不是就是单位冲激函数？"

甄德行愉快地笑了："是的，我们就是用单位冲激信号作为单位质量的'砝码'，在零状态条件下，把它加到系统上去，此时系统的响应称为单位冲激响应，记为 $h(t)$，它就相当于弹簧的弹性系数 k，代表了系统的特性。当然，对任意其他的激励信号 $e(t)$，它的响应 $r(t)$不可能是简单的乘积运算 $h(t)e(t)$，而是大名鼎鼎的卷积。"

柳海风半喜半忧地说："你的意思是说，求解线性时不变系统对激励 $e(t)$的响应的方法是，先求出系统的单位冲激响应 $h(t)$，然后计算 $e(t)$与 $h(t)$的卷积，得到系统的零状态响应，再加上系统的零输入响应，就得到系统的全响应，这就是新珠所说的双零法吗？"

甄德行赞赏地拍了拍柳海风的肩："正是如此。这种方法不需要假设激励一定要是指数类信号，也不需要预设零状态响应的函数类型，求出什么就是什么，比经典法要求的条件少，适用的范围宽，是不是很高级？"说罢得意地笑了起来。

柳海风不由得心中暗骂那些写高等数学教材的人："为什么这么好的方法你们不写呢？还弄了一张表非要学生记什么函数形式！"

甄德行好像看出了柳海风的心理活动，收敛了笑容说："柳老师可能会疑惑高等数学中为什么不用这个方法呢？"看到柳海风点了点头，甄德行继续说："通过上一回咱们讨论的响应分解可以看出，这个零状态响应并不对应于经典法中的特解，零输入响应也不对应经典法中齐次方程的通解，而要弄明白零输入、零状态这些概念，需要有电路分析或类似课程的基础，因此不能在高等数学中介绍。"

柳海风赞同地点了点头："嗯，明白了。不过，你们有什么求冲激响应的好办法吗？还有那个卷积，算起来复杂吗？"

甄德行微微一笑："既然冲激响应这么重要，研究冲激响应的求解方法的人当然就非常多，因此这门课里包含了冲激响应的多种求法，其中最容易理解和操作的属于算子法，为此我们先介绍微分算子的概念。

用 p 来表示微分算子，即 $p = \dfrac{\mathrm{d}}{\mathrm{d}t}$，$p^n = \dfrac{\mathrm{d}^n}{\mathrm{d}t^n}$，这样，$\dfrac{\mathrm{d}y}{\mathrm{d}t}$ 和 $\dfrac{\mathrm{d}^n y}{\mathrm{d}t^n}$ 就可以分别表示为 py 和 $p^n y$。同时用 $\dfrac{1}{p}$ 来表示积分算子，即 $\dfrac{1}{p} = \int_{-\infty}^{t} (\ )\mathrm{d}\tau$，这样 $\int_{-\infty}^{t} x(\tau)\mathrm{d}\tau$ 就可以表示为 $\dfrac{1}{p}x(t)$，于是微分方程 $\dfrac{\mathrm{d}^2 u_c(t)}{\mathrm{d}t^2} + \dfrac{R}{L}\dfrac{\mathrm{d}u_c(t)}{\mathrm{d}t} + \dfrac{1}{LC}u_c(t) = \dfrac{1}{LC}e(t)$ 就可以用算子符号表示为

$$p^2 u_c(t) + \frac{R}{L}pu_c(t) + \frac{1}{LC}u_c(t) = \frac{1}{LC}e(t)$$

称为该微分方程的算子方程。同样，n 阶常系数线性微分方程的算子方程为

$$(a_n p^n + a_{n-1}p^{n-1} + \cdots + a_1 p + a_0)r(t) = (b_m p^m + b_{m-1}p^{m-1} + \cdots + b_1 p + b_0)e(t)$$

令 $D(p) = a_n p^n + a_{n-1}p^{n-1} + \cdots + a_1 p + a_0$，$N(p) = b_m p^m + b_{m-1}p^{m-1} + \cdots + b_1 p + b_0$，则算子方程可以写为 $D(p)r(t) = N(p)e(t)$，$D(p) = 0$ 称为系统的特征方程，该方程的根称为系统的特征根或系统的自然频率。

使用算子符号从形式上可以把原来的微分方程表示为算子的代数方程，那么代数方程的运算规则在算子方程中是否还适用呢？下面给出算子的运算规则。

（1）因式分解

由于

$$(p+a)(p+b)r(t) = \left(\frac{\mathrm{d}}{\mathrm{d}t} + a\right)\left(\frac{\mathrm{d}}{\mathrm{d}t} + b\right)r(t) = \frac{\mathrm{d}^2 r(t)}{\mathrm{d}t^2} + b\frac{\mathrm{d}r(t)}{\mathrm{d}t} + a\frac{\mathrm{d}r(t)}{\mathrm{d}t} + abr(t)$$

$$= \frac{\mathrm{d}^2 r(t)}{\mathrm{d}t^2} + (a+b)\frac{\mathrm{d}r(t)}{\mathrm{d}t} + abr(t)$$

$$= p^2 r(t) + (a+b)pr(t) + abr(t)$$

$$= [p^2 + (a+b)p + ab]r(t)$$

所以有
$$(p+a)(p+b) = p^2 + (a+b)p + ab$$

也就是说在算子方程中可以进行因式分解，这与代数方程是一致的。

这个性质看起来容易理解，平淡无奇，但它的作用却举足轻重。对二阶微分方程 $(p+a)(p+b)r(t) = e(t)$，令 $(p+b)r(t) = x(t)$，先解方程 $(p+a)x(t) = e(t)$，

这是一个一阶方程，据此求得 $x(t)$；再解方程 $(p+b)r(t) = x(t)$，这也是一阶方程，解此方程即求得原方程的解。这就意味着，二阶常系数线性微分方程的求解问题可以转化为两个一阶常系数微分方程的求解问题。而一阶方程，你懂的……"

柳海风激动地打断了甄德行的话："哎呀，妙！妙！这就意味着，n 阶方程的求解问题也就可以化为 n 个一阶方程的求解问题。这其实也是特征方程法的理论依据呢！"

甄德行赞许地点了点头，继续说道："算子相当于微分运算，算子除法相当于积分运算，当既有微分又有积分时，顺序是不能随意颠倒的，即有下面的性质。

（2）算子乘除

因为 $p = \dfrac{\mathrm{d}}{\mathrm{d}t}$，$\dfrac{1}{p} = \displaystyle\int_{-\infty}^{t}(\ )\mathrm{d}\tau$，所以

$$p \cdot \frac{1}{p} r(t) = \frac{\mathrm{d}}{\mathrm{d}t} \cdot \int_{-\infty}^{t} r(\tau)\mathrm{d}\tau = r(t)$$

$\dfrac{1}{p} \cdot pr(t) = \displaystyle\int_{-\infty}^{t} \frac{\mathrm{d}}{\mathrm{d}\tau} r(\tau)\mathrm{d}\tau = r(t) + C$，其中 C 为任意常数。

显然，$p \cdot \dfrac{1}{p} r(t) \neq \dfrac{1}{p} \cdot pr(t)$。

对上面的结论进一步引申，就可以得出算子方程左右两端的算子符号不满足消去律。也就是说由 $D(p)r(t) = D(p)e(t)$ 不能推出 $r(t) = e(t)$。

将算子方程改写为 $r(t) = \dfrac{N(p)}{D(p)} e(t)$，引入传输算子 $H(p)$，定义式为

$$H(p) = \frac{N(p)}{D(p)} = \frac{b_m p^m + b_{m-1} p^{m-1} + \cdots + b_1 p + b_0}{a_n p^n + a_{n-1} p^{n-1} + \cdots + a_1 p + a_0}$$

它表示的是时域中响应函数和激励函数之间的关系。使用传输算子后，输入和输出之间的关系式可以写为 $r(t) = H(p)e(t)$。"

柳海风看着甄德行写下的式子，内心疑惑万分，一会儿工夫，这位仁兄竟然成了数学教师。不由挑衅般地说道："你这公式导来导去到挺熟练，能用来求解系统吗？"

甄德行自信地说："当然，首先看零输入响应。系统的零输入响应是系统外加激励为零仅由初始储能所产生的响应，此时微分方程如下。

$$a_n \frac{\mathrm{d}^n r_{zi}(t)}{\mathrm{d}t^n} + a_{n-1} \frac{\mathrm{d}^{n-1} r_{zi}(t)}{\mathrm{d}t^{n-1}} + \cdots + a_1 \frac{\mathrm{d}r_{zi}(t)}{\mathrm{d}t} + a_0 r_{zi}(t) = 0$$

相应的算子方程为 $\quad (a_n p^n + a_{n-1} p^{n-1} + \cdots + a_1 p + a_0) r_{zi}(t) = 0$

做个因式分解，最简单的情况是

$$(p - \lambda_1)(p - \lambda_2) \cdots (p - \lambda_n) r_{zi}(t) = 0$$

其中 λ_j 各不相同。按照上面说的方法，这个方程可以转化为 n 个一阶方程

$$(p - \lambda_j) r_{zi}(t) = 0 \quad j = 1, 2, \cdots, n$$

即 $r_{zi}'(t) - \lambda_j r_{zi}(t) = 0, j = 1, 2, \cdots, n$。

利用高等数学课程中的凑微分法或者分离变量法。容易得到它们的解为

$$r_{zi}(t) = C_j \mathrm{e}^{\lambda_j t}, j = 1, 2, \cdots, n，\quad C_j \text{ 是任意常数。}$$

当然如果是重根，就稍微复杂一点，对二重根，得到一个方程

$$(p - \lambda)^2 r_{zi}(t) = 0$$

令 $(p - \lambda) r_{zi}(t) = x(t)$，则上述方程转化为

$$(p - \lambda) x(t) = 0$$

从而易得 $x(t) = C_1 \mathrm{e}^{\lambda t}$，$C_1$ 是任意常数。

将 $x(t) = C_1 \mathrm{e}^{\lambda t}$ 代入 $(p - \lambda) r_{zi}(t) = x(t)$ 中，得

$$(p - \lambda) r_{zi}(t) = C_1 \mathrm{e}^{\lambda t}$$

$$r_{zi}'(t) - \lambda r_{zi}(t) = C_1 \mathrm{e}^{\lambda t}$$

为了凑成乘积函数微分的形式，等式两边同乘 $\mathrm{e}^{-\lambda t}$，可得

$$r_{zi}'(t) \mathrm{e}^{-\lambda t} - \lambda r_{zi}(t) \mathrm{e}^{-\lambda t} = C_1$$

即 $[r_{zi}(t) \mathrm{e}^{-\lambda t}]' = C_1$，所以，$r_{zi}(t) = (C_1 t + C_2) \mathrm{e}^{\lambda t}$。

用归纳法容易证明，对 m 重根，其一般解为

$$r_{zi}(t) = (C_1 t^{m-1} + C_2 t^{m-2} + \cdots + C_{m-1} t + C_m) \mathrm{e}^{\lambda t}$$

若是共轭复根，则可以当成两个复数单根来看。

最后，利用 0_- 时刻的条件，即可得到系统的零输入响应。"

柳海风连连点头："你这里倒腾了半天，原来就是高等数学里求解齐次方

程通解的特征方程法。"

甄德行一脸坏笑："是的，在求解零输入响应时，算子法与特征方程法的确没有分别，但好处在于它说清了特征方程全为单根、有重根以及共轭复根时解的来源，而在求单位冲激响应时，算子法的作用可大了。"

柳海风鼓励地说："你说说看。"

甄德行严肃地说："当激励为 $\delta(t)$ 时，将 n 阶系统的微分方程写为

$$a_n \frac{\mathrm{d}^n h(t)}{\mathrm{d}t^n} + a_{n-1} \frac{\mathrm{d}^{n-1} h(t)}{\mathrm{d}t^{n-1}} + \cdots + a_1 \frac{\mathrm{d}h(t)}{\mathrm{d}t} + a_0 h(t)$$
$$= b_m \frac{\mathrm{d}^m \delta(t)}{\mathrm{d}t^m} + b_{m-1} \frac{\mathrm{d}^{m-1} \delta(t)}{\mathrm{d}t^{m-1}} + \cdots + b_1 \frac{\mathrm{d}\delta(t)}{\mathrm{d}t} + b_0 \delta(t)$$

利用算子符号，单位冲激响应可以写为

$$h(t) = H(p)\delta(t)$$

其中

$$H(p) = \frac{N(p)}{D(p)} = \frac{b_m p^m + b_{m-1} p^{m-1} + \cdots + b_1 p + b_0}{a_n p^n + a_{n-1} p^{n-1} + \cdots + a_1 p + a_0}$$

将 $H(p)$ 部分分式展开，当系统特征方程无重根时，有

$$H(p) = c_s p^s + c_{s-1} p^{s-1} + \cdots + c_1 p + c_0 + \frac{k_1}{p - \lambda_1} + \frac{k_2}{p - \lambda_2} + \cdots + \frac{k_n}{p - \lambda_n}$$
$$= \sum_{j=0}^{s} c_j p^j + \sum_{i=1}^{n} \frac{k_i}{p - \lambda_i}$$

其中，λ_i 是系统特征方程 $D(p) = 0$ 的根。

设 $h_i(t) = \frac{k_i}{p - \lambda_i}\delta(t)$，代回到微分方程，可得

$$\frac{\mathrm{d}h_i(t)}{\mathrm{d}t} - \lambda_i h_i(t) = k_i \delta(t)$$

两边同乘 $\mathrm{e}^{-\lambda_i t}$，可得 $h_i'(t)\mathrm{e}^{-\lambda_i t} - \lambda_i h_i(t)\mathrm{e}^{-\lambda_i t} = k_i \delta(t)\mathrm{e}^{-\lambda_i t}$

$$[h_i(t)\mathrm{e}^{-\lambda_i t}]' = k_i \delta(t)\mathrm{e}^{-\lambda_i t}$$

积分即得

$$h_i(t) = k_i \mathrm{e}^{\lambda_i t} u(t)$$

而 $p^j \delta(t) = \delta^{(j)}(t)$，所以，系统的单位冲激响应为

$$h(t) = c_s \delta^{(s)}(t) + c_{s-1}\delta^{(s-1)}(t) + \cdots + c_1 \delta'(t) + c_0 \delta(t) + (k_1 \mathrm{e}^{\lambda_1 t} + k_2 \mathrm{e}^{\lambda_2 t} + \cdots + k_n \mathrm{e}^{\lambda_n t})u(t)$$

例如，求系统 $\dfrac{\mathrm{d}^2\, r(t)}{\mathrm{d}t^2} + 4\dfrac{\mathrm{d}r(t)}{\mathrm{d}t} + 3r(t) = \dfrac{\mathrm{d}e(t)}{\mathrm{d}t} + 2e(t)$ 的单位冲激响应。

解　系统的算子方程和传输算子分别为

$$(p^2 + 4p + 3)r(t) = (p+2)e(t)$$

$$H(p) = \frac{p+2}{p^2 + 4p + 3} = \frac{1/2}{p+3} + \frac{1/2}{p+1}$$

所以系统的单位冲激响应为 $h(t) = \left(\dfrac{1}{2}\mathrm{e}^{-3t} + \dfrac{1}{2}\mathrm{e}^{-t}\right)u(t)$。

当系统的特征方程有重根或者共轭复根时结论类似，就不用我重复了吧！"

柳海风颠来倒去看了半天，发现真的没毛病，只好悻悻地说："求出了单位冲激响应，那怎样求系统对任意激励的零状态响应呢？"

甄德行充满自信地说："我们前面曾经说过，任意连续时间信号 $f(t)$ 可以分解为单位冲激函数的加权积分，即

$$f(t) = \int_{-\infty}^{+\infty} f(\tau)\delta(t-\tau)\mathrm{d}\tau$$

对给定的线性时不变系统，当激励信号为 $\delta(t)$ 时，系统的零状态响应为 $h(t)$，可以写为

$$\delta(t) \to h(t)$$

根据线性时不变系统的特性，有

$$\delta(t-\tau) \to h(t-\tau), \quad f(\tau)\delta(t-\tau) \to f(\tau)h(t-\tau)$$

所以有

$$f(t) = \int_{-\infty}^{+\infty} f(\tau)\delta(t-\tau)\mathrm{d}\tau \to \int_{-\infty}^{+\infty} f(\tau)h(t-\tau)\mathrm{d}\tau$$

这个结论。"

柳海风大喊："这个我熟。这不就是求两个独立随机变量之和的分布时所采用的运算吗？"

"是的。"甄德行微笑着说："对你们来说，它只不过是一种不起眼的运算，但在我们这里却是非常重要的，它就是著名的卷积运算。系统的零状态响应是系统的单位冲激响应和激励信号的卷积。所以在时域上对零状态响应的求解时，就可以先求出系统的单位冲激响应，再和激励信号进行卷积，这称为卷

积法。"

柳海风感叹道："我教了几十年的概率论课，一直没有发现原来这个运算还有这么一个作用，真后悔没有早学信号与系统。如果在我们的数学课里能把这些东西告诉学生，也许学生学习的热情会高许多呢！不过，这个卷积运算在数学推导上好像比较容易明白，但它反映的信号通过系统的作用到底是怎么一回事，我还不是太明白，你能进一步解释一下吗？"

欲知后事如何，请看第九回：卷积大法出江湖　时域分析功业成。

第九回
卷积大法出江湖　时域分析功业成

甄德行摆出一副严肃的样子说道:"对动态线性时不变因果系统,在时刻 τ 加入系统的激励一般来说会对 τ 以及 τ 以后时刻的响应产生作用,作用的程度会按 $h(t)$ 的规律变化。也就是说,系统在某时刻的输出取决于该时刻以及该时刻之前所有时刻的激励,而各个时刻激励的影响程度各自按 $h(t)$ 规律变化,该时刻的输出就是该时刻及之前所有激励作用的累加。具体来说,在某一 τ 时刻,加入系统的激励可以看成是 $f(\tau)\delta(t-\tau)\mathrm{d}\tau$, $\mathrm{d}\tau$ 表示 τ 时刻的微元,代表作用时间,响应自然就是 $f(\tau)h(t-\tau)\mathrm{d}\tau$,把 t 之前所有的 τ 时刻的激励产生的响应累积起来,就得到积分

$$\int_{-\infty}^{t} f(\tau)h(t-\tau)\mathrm{d}\tau$$

这不就是那个卷积表达式吗?"

柳海风鄙夷地说:"你吭哧吭哧说半天,连我这教数学的老教授都不明白,又怎能让学生明白呀?你还是教学名师呢,就这水平,其他人可怎么办呀?唉,真替你们着急!"

看着柳海风胖胖的大脸,甄德行强忍怒火,坏坏地笑着说:"这样,为了让你更好地理解卷积的含义,我们来举一个例子。把你的胃假设为一个线性时不变系统,把你吃的馒头当成是输入,馒头经胃消化进入身体的营养当成是输出。

那么,你这个系统的冲激响应,就可以理解为你饿了许多天之后,胃清空了,然后在瞬间吃一个单位冲激的馒头转化为营养的情况,用 $h(t)$ 来表示。当

然这个东西在实际中是不存在的，因为你没有办法瞬间吃进去一个单位冲激的馒头，填鸭也做不到，这是我们假想的一个理想状况。这就是我们这门课的奇幻之处——把理想和现实完美地融合了。我们就用这个 $h(t)$ 作为你的胃的特性的一个数学表达。

本来呢，时间是连续变化的，不能一个一个地排起来，但我们为了说明问题，粗略地认为 0 开始的时刻值可以排成：0, 1, 2, 3, …，表示我们的观察时刻。我们来画个表记录你吃馒头的这个过程，具体如下。

各时刻的输入	各时刻不同输入的响应分量					
	0	1	2	3		k
$f(0)$	$f(0)h(0)$	$f(0)h(1)$	$f(0)h(2)$	$f(0)h(3)$	…	$f(0)h(k)$
$f(1)$		$f(1)h(0)$	$f(1)h(1)$	$f(1)h(2)$	…	$f(1)h(k-1)$
$f(2)$			$f(2)h(0)$	$f(2)h(1)$	…	$f(2)h(k-2)$
…		…	…	…		…
$f(m)$					…	$f(m)h(k-m)$
累积响应	$f(0)h(0)$	$f(0)h(1)+$ $f(1)h(0)$	$f(0)h(2)+$ $f(1)h(1)+$ $f(2)h(0)$	…	…	$\sum\limits_{m=0}^{k} f(m)h(k-m)$

假定在零时刻，你吃了 $f(0)$（严格讲应该表示为 $f(0)\delta(t-0)\,\mathrm{d}t$）的馒头，$f(0)h(0)\mathrm{d}t\ f(0)h(1)\mathrm{d}t\cdots$ 表示这 $f(0)$ 的馒头在各个时刻进入你身体中营养的情况。类似地，在 m 时刻你吃了 $f(m)\delta(t-m)\mathrm{d}t$ 馒头，那么，它的营养就从 m 时刻起进入你的身体，各时刻分别是 $f(m)h(0)\mathrm{d}t\ f(m)h(1)\mathrm{d}t\cdots$，这样，在每一个时刻 n，因吃馒头进入你身体的营养就是 $\sum\limits_{m=0}^{n} f(m)h(n-m)\mathrm{d}t$，把这个求和式改写成积分，就是那个卷积公式了！

现在你能理解线性时不变系统对激励的作用了吧？你还可以思考一下这个线性时不变性用到了什么地方。"

柳海风这才满意地说："你这个解释才有名师味儿。线性嘛，可分为齐次性和可加性。齐次性保证了吃一个馒头的营养是 a，那么吃 n 个馒头得到的营养是 na，可加性保证馒头掰开吃和整着吃得到的营养是一样的。至于这个时不变性，体现在冲激响应上——馒头不管什么时候吃，进入身体的营养的情况都是一样的。"

柳海风咽了口口水，继续说道："由此看来，线性时不变系统对激励的响应，不过是各响应的累加而已。观察你刚才的计算过程，感觉卷积其实是反折、时移、乘积、积分四种运算的组合运算，从几何上看可能更直观。"

甄德行肯定地说："你说得真好，其实就是这么回事。从几何意义上计算积分，一般的'信号与系统'教材都会写，也比较容易理解，估计写书人不会在这里费劲打字了。还有，在概率统计课中，参与卷积的函数形式比较简单，卷积计算较为容易，而在我们这门课里，参与卷积的信号形式比较复杂，积分定限比较啰唆，好在我们有计算卷积的便捷方法，卷积计算倒也不是什么难事。"

柳海风赞许地点了点头，话锋一转，打趣地问道："到 2020 年底，网络上会流行一个叫'内卷'的词，你觉得会不会是学过'信号与系统'课程的人发明的？"

甄德行憨厚地笑了："不是的。内卷一词是美国人在 20 世纪 60 年代提出来的，原意是指一种社会或文化模式在某一发展阶段达到一种确定的形式后，便停滞不前或无法转化为另一种高级模式的现象。至于 60 年后在中国学术圈流行，那是因为在特定的社会环境中，个别年轻人对奋斗的方向和自身未来感到迷茫。随着竞争门槛日渐抬高，人们付出的越来越多，却未必能够得到相应的回报。社会就好比一个系统，个人的努力可以当成是对系统的激励，而回报就是响应，它是个人努力和社会特性的'卷积'，受社会特性的制约。当然咱们的社会系统比我们这门课里的线性定常时不变因果系统复杂得不知多少倍，'内卷'自然也不是这里的'卷积'，只是意义差不多罢了。"

柳海风不无讥讽地说："哎哟，看来学习'信号与系统'还能增长社会学本事。"

甄德行正色道："天下学问本一家。文科、理科，自然科学、社会科学，只不过是人为的一种分类，所有的学问，其精髓都是人类智慧的结晶，都是相同的。"

柳海风若有所思地点了点头:"嗯,啥时候学数学的能挣到跟学通信的一样的钱,那才……"

甄德行笑着打断了柳海风的话:"别谈钱,谈钱俗。按照你们数学人的习惯,有了卷积运算定义,下一步该做什么了?"

柳海风说道:"自然是性质。"

甄德行说:"好吧,在您面前我就不班门弄斧了,只从物理意义角度罗列一下卷积的一些运算性质,不从数学上证明了。

第一,交换律　$f_1(t) * f_2(t) = f_2(t) * f_1(t)$

参与卷积运算的两个信号不分先后,这也意味着,谁做激励谁做冲激响应结果一样。这个性质进一步从方法论角度阐明了信号和系统之间的关系——对线性时不变系统,从输入输出角度,激励和系统冲激响应的作用是一样的。

第二,结合律:　$f_1(t) * [f_2(t) * f_3(t)] = [f_1(t) * f_2(t)] * f_3(t)$

与交换律结合,这个性质可以理解为子系统可以以任意顺序串联在一起,输入输出关系都是一样的。

第三,时移性:　$f(t - t_0 - t_1) = f_1(t - t_0) * f_2(t - t_1) = f_1(t - t_1) * f_2(t - t_0)$

$= f_1(t - t_0 - t_1) * f_2(t) = f_1(t) * f_2(t - t_0 - t_1)$

这一性质可以理解为,先时移再通过系统和先通过系统再时移结果是一样的,就好比看电视,8 点的节目放出来你不看,过两个小时再看,其结果和电视台把 8 点的节目放到 10 点放,效果是一样的。

第四,分配律:　$f_1(t) * [f_2(t) + f_3(t)] = f_1(t) * f_2(t) + f_1(t) * f_3(t)$

这一性质可以理解为,信号通过两个并联系统的输出,等同于先通过各个系统后,再叠加。

第五,微分和积分:

$$\frac{\mathrm{d}}{\mathrm{d}t}[f_1(t) * f_2(t)] = \left[\frac{\mathrm{d}}{\mathrm{d}t} f_1(t)\right] * f_2(t) = f_1(t) * \left[\frac{\mathrm{d}}{\mathrm{d}t} f_2(t)\right]$$

$$\int_{-\infty}^{t} [f_1(\lambda) * f_2(\lambda)] \mathrm{d}\lambda = f_1(t) * \int_{-\infty}^{t} f_2(\lambda) \mathrm{d}\lambda = f_2(t) * \int_{-\infty}^{t} f_1(\lambda) \mathrm{d}\lambda$$

这一性质说明,对响应的微分或积分,相当于对激励或者系统的冲激响应微分或积分。

反复应用以上性质，可导出卷积的高阶导数和积分的运算性质：

若 $y(t) = f_1(t) * f_2(t)$，则：$y^{(i)}(t) = f_1^{(j)}(t) * f_2^{(i-j)}(t)$

其中 i、j 取正整数时为求导运算；取负整数时为积分运算。

第六，含有奇异函数的卷积：

$f(t) * \delta(t) = f(t)$

$f(t) * u(t) = \int_{-\infty}^{t} f(\tau)\mathrm{d}\tau$

$f(t) * \delta(t - t_1) = f(t - t_1)$

这几个性质，从物理意义上更容易理解。

利用性质，可以大大简化卷积的运算。比如：

已知 $f_1(t) = \mathrm{e}^{-t}u(t), f_2(t) = u(t) - u(t - 2)$，则

$$
\begin{aligned}
f_1(t) * f_2(t) &= \int_{-\infty}^{t} f_1(\tau)u(\tau)\mathrm{d}\tau * [u(t) - u(t-2)]' \\
&= \int_0^t \mathrm{e}^{-\tau}\mathrm{d}\tau * [\delta(t) - \delta(t-2)] \\
&= (1 - \mathrm{e}^{-t})u(t) * [\delta(t) - \delta(t-2)] \\
&= (1 - \mathrm{e}^{-t})u(t) - (1 - \mathrm{e}^{-(t-2)})u(t-2)
\end{aligned}
$$

卷积运算也是'信号与系统'课程中需要反复练习的基本功之一。"

这些公式对柳海风来说倒也不是多难理解，并且他也不太关心。他只想知道，用这个卷积，用双零法是怎样求解线性常系数微分方程的，这样他再回到"高等数学"课堂时，就可以有更厚实的底气、更宽的眼界、更大的格局来启发学生，而不至于像现在这样，课只在高等数学里头打圈圈，讲得干巴巴的，很难精彩。

甄德行仿佛看出了柳海风的心思，友好地说道："柳老师，你现在知道这个卷积运算了，也知道用卷积来求零状态响应，还知道用算子法求零输入响应和冲激响应，对用双零法求解线性常系数微分方程，是不是就很熟悉了呢？"

柳海风羞羞地说："整体上还不是太清晰……"

甄德行说："那好吧，我就用一个完整的例子展示给你看。

例：给定电路如下图所示，已知其中 $R = 2\Omega$，$L = 1\mathrm{H}$，$C = 1\mathrm{F}$，$i(0_-) = 1\mathrm{A}$，$i'(0_-) = 2\mathrm{A/s}$，激励 $e(t) = \mathrm{e}^{-2t}u(t)\mathrm{V}$，求 $t > 0$ 时系统的完全响应 $i(t)$。

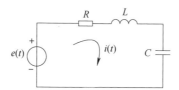

解：该电路微分方程为

$$Ri(t) + L\frac{\mathrm{d}i(t)}{\mathrm{d}t} + \frac{1}{C}\int_{-\infty}^{t} i(t)\mathrm{d}t = e(t)$$

整理得

$$L\frac{\mathrm{d}^2 i(t)}{\mathrm{d}t^2} + R\frac{\mathrm{d}i(t)}{\mathrm{d}t} + \frac{1}{C}i(t) = \frac{\mathrm{d}e(t)}{\mathrm{d}t}$$

将具体元件参数代入可得

$$\frac{\mathrm{d}^2 i(t)}{\mathrm{d}t^2} + 2\frac{\mathrm{d}i(t)}{\mathrm{d}t} + i(t) = \frac{\mathrm{d}e(t)}{\mathrm{d}t}$$

此微分方程的算子方程为 $\quad p^2 i(t) + 2pi(t) + i(t) = pe(t)$

即 $\qquad\qquad\qquad (p^2 + 2p + 1)i(t) = pe(t)$，

改写为 $\qquad\qquad\qquad (p+1)^2 i(t) = pe(t)$

零输入响应，可以由方程左侧直接写出其一般形式：

$$i_{zi}(t) = (C_1 t + C_2)\mathrm{e}^{-t}$$

代入初始条件，容易得到 $i_{zi}(t) = (1+3t)\mathrm{e}^{-t}$

为求冲激响应，裂项得 $\dfrac{p}{(p^2+2p+1)} = \dfrac{1}{p+1} - \dfrac{1}{(p+1)^2}$

则冲激响应可以写为

$$h(t) = (1-t)\mathrm{e}^{-t}u(t)$$

零状态响应即为 $\qquad i_{zs}(t) = h(t) * e(t) = (1-t)\mathrm{e}^{-t}u(t) * \mathrm{e}^{-2t}u(t)$

$$= \int_{-\infty}^{\infty} (1-\tau)\mathrm{e}^{-\tau}u(\tau) \cdot \mathrm{e}^{-2(t-\tau)}u(t-\tau)\mathrm{d}\tau$$

$$= \int_{0}^{t} (1-\tau)\mathrm{e}^{\tau}\mathrm{d}\tau \cdot \mathrm{e}^{-2t}u(t)$$

$$= (2\mathrm{e}^t - t\mathrm{e}^t - 2)\mathrm{e}^{-2t}u(t)$$

$$= (2\mathrm{e}^{-t} - t\mathrm{e}^{-t} - 2\mathrm{e}^{-2t})u(t)$$

所以系统全响应为 $i(t) = [(2t+3)e^{-t} - 2e^{-2t}]u(t)$ 。"

"甄老师请等一下。"甄德行还想说什么来着，摆尾客气地插话："我看到你这里有个 $u(t)$，一会儿写一会儿不写的，是什么意思呢？"甄德行忙说："噢，是这样，这个 $u(t)$ 用来表示对被乘的信号取大于 0 的部分，当需要参与运算或者作为结果的时候往往是要写的，就像在上面那个卷积式里，否则，大家心里有数，可以不用处处写。"

摆尾一看有这么多讲究，突然心生不悦，郁闷地问道："甄老师，假如我毕业后不搞科研不教书，回老家当小学校长，那我学你这个课还有用吗？"

甄德行一愣，这可是灵魂一问，他稍微沉吟了一下，肯定地说："有用，而且比你今后搞科研更有用，更值得你学好！"

摆尾惊讶地张大嘴巴："啊？！甄老师您是受刺激了么？"

甄德行摆了摆手："你听我跟你细说吧！"

欲知甄德行又将说出什么莲花妙语，请看下回：德行妙语说系统　懵懂少年长真知。

第十回
德行妙语说系统　懵懂少年长真知

　　上回说到，摆尾突然提出，如果自己将来不做学问，回老家当小学校长，那学习这么难的课、这么专业的内容还有什么意义。这一下让甄德行陷入了沉思。甄德行不由想到，如果一门课仅为一项或一种技术服务，那这课程的含金量是不是就低了很多呢？还有，一所大学，如果所有的课程都只有技术服务功能，那就不能称为大学，而应该称为技校。这个"信号与系统"课程，除了为后继专业课程提供知识和能力基础外，对学生还能有什么用呢？

　　甄德行想起，有一位大师说过，自然科学与社会科学之间本没有不可逾越的鸿沟，做人、做事、做学问也存在着共同的规则、方法和技巧。那些学医的人最终可能会成为作家，学物理的人最终可能会成为华尔街的精英，生物物理、流体力学的高才生最终可能是龙泉寺的高僧。这就是上大学的意义。学科有界，学问无界。科学给人的，应该是人的全面成长，全面强大。

　　他清了清嗓子，慨然说道：

　　"狭义地说，我们这里的信号是承载信息的物理量，电流、电压只不过是一个实例，系统呢，是传输或者处理信号的功能体，实例是电路。但从广义上讲，任何一个能用函数表达的现象都可以认为是信号，任何一个能对对象产生作用使之发生改变的实体或过程都可以看成是系统，任何一项工作都可以看成是系统对输入信号作用从而产生输出的过程。学习系统的抓手是电路，但你将来面对的系统，却可以比电路更有一般性。比如，对前面说的那个电路系统：

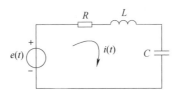

当我们把它表述为一个数学方程：

$$\frac{\mathrm{d}^2 i(t)}{\mathrm{d}t^2} + 2\frac{\mathrm{d}i(t)}{\mathrm{d}t} + i(t) = \frac{\mathrm{d}e(t)}{\mathrm{d}t}$$

时，我们已经很难直接看出具体元件对输入输出关系的影响了。它就具有了抽象性、一般性，就具有了对普遍现象的表达能力。

　　因此，对信号的分析代表了对现象的分析，对课程中简单系统的分析也会在思想层面上影响到你对社会中复杂系统的分析和处理方式。

　　这就是我们这门课要送给你的财富。以系统为例，假如你真的要回家乡当小学校长，那么，你的学校就可以看成是一个系统，孩子入校时的状态就是系统的输入，孩子毕业时的状态就是系统的输出。你要想当一个好的校长，就必须站在系统的角度管理你的学校，优化学校的运行。"

　　摆尾一看这老师还真能忽悠。忙问："这就是人们所说的系统思维吗？"

　　甄德行答道："是的，这就是系统思维。其实系统思维与我们的生活息息相关，大到国家制定政策法规，小到百姓烹饪三餐，都体现着以顶层设计和整体谋划为核心的系统思维的智慧。"

　　摆尾不服气地说："那老师，您觉得您这里说的'系统'和您课程里的'系统'是一回事吗？"

　　甄德行说："不是，也是。说它不是一回事，是因为我们这门课里的'系统'是极简单、极特殊的系统，系统的内部要素、功能都已假设得清清楚楚明明白白，这样我们就可以根据输入直接计算输出，或者根据我们对输入输出之间关系的要求来设计所需的系统；而我上面所说的系统，要复杂得多，庞大得多，不仅不能用常系数微分方程来描述，甚至目前为止都没有一个理想的模型去描述，更没有办法通过计算来确定输入输出关系，自然也没有办法通过简单地设置元件参数来改善系统行为，需要更宏观、更全面地设计系统构成、运行规则等。说它是，是因为从原理上来说，二者有很大的相似性，通过对课程所说的简单系统的分析，你至少可以找到对复杂系统分析的方向和思路。"

摆尾追问："把系统当成一个整体，是不是就是以前人们所说的胡子眉毛一把抓呢？这好像也不是很好吧？"

甄德行正色道："把系统看成是一个整体，并不意味着对构成系统的各元件同等对待。还以前面那个电路系统为例，各元件对系统行为的影响是不一样的，这一点我们要到频域分析方法学完之后你才能明白，因此，在系统分析上，也要注重系统的整体性和要素与要素的协同性。还有，我们课程里所说的系统，是时不变的，即系统特性不会随着环境和时间的推移发生变化，但一般意义下的系统就不一样了，它会随着时间和环境的变化产生性质的根本变化，因此，你还必须要注重系统的开放性与环境的协调性，注重系统的重点突破与整体推进。"

摆尾似懂非懂地说："噢，这样啊！不过您说的这些都很宏观，做具体工作时，您说的这些观念啊、思想啊又有什么用呢！"

甄德行微微一笑，说："那用处可大了去了。就拿你说的小学校长来举例吧。如果你管理的这个系统就是学校，是像电路那样的系统，你就可以根据你预期的输入输出关系，配置你的人力、物力资源，设置恰当的机构，然后看着它运行就行了。但遗憾的是你不会有这么幸运。因为你的学校非线性、时变而且还可能带点非因果性。这样的话，你对学校的管理就必须满足非线性、时变的特点。这时你有两种选择：第一种，督促你的系统中的每一个单元拼命努力地工作，都去追求自己这一块做出最好成绩，这样你的下属就都会很累，但整体上却并不一定会出成就，就像现在那些没有学过'信号与系统'课程的领导一样，呵呵！"甄德行打个哈哈，表示自己是开玩笑的。

摆尾有点不相信自己的耳朵："甄老师，您是说构成系统的每一个单元都在高效运行，但整个系统却未必是高效的吗？为什么呢？"

甄德行严肃地说："是的。这是因为系统构成因素之间还会有制约关系，某一因素的高效可能会引起另外因素的低效甚至失效。比如，德育处的老师要求学生去看电影，但学生还有两套试卷需要完成。"

"那我可以协调一下，要他们换个时间看电影或者推迟半天交试卷呀，这样矛盾不就解决了吗？"

"未必。你可能协调得了时间，但你未必能协调得了精力、情绪等影响学生学习质量的其他因素。"

摆尾沮丧地说："那您说的第二种选择呢？"

甄德行提高了声音说："这就是引入反馈机制。通过反馈机制，动态调控系统运行状态，实现系统的稳定、高效运行。"

摆尾一头雾水："反馈机制？什么是反馈？这书都到第十回了，没见到关于反馈的说法呀？！"

看到摆尾着急的样子，甄德行开心地笑了："较好地理解反馈需要到'自动控制理论'课程，起码也要等学完拉普拉斯变换。"

摆尾更糊涂了："控制论又是啥呀？"

甄德行得意地说道："这一回内容反正不多，我就给你多说几句吧！如果你只对'信号与系统'课程感兴趣，那你可以直接跳到下一回，不过看一下终究没坏处，反正也不累。

研究系统一般理论的学科称为'系统科学'。系统科学领域中把系统论、控制论和信息论合称为'老三论'，把耗散结构论、协同论、突变论合称为'新三论'。

系统论所研究的系统，其复杂性远远超出目前已知的所有数学方法的表达能力，尤其对于社会学系统，研究的难度更大，因而其研究方法本身也在不断探索之中。但不管怎么说，系统论的研究内容终究超不出系统的结构、特点、行为、动态、原则、规律以及系统间的联系，系统功能的数学描述等。这与我们的'信号与系统'在思想上是一脉相承的。

系统论的主要任务就是以系统为对象，从整体出发来研究系统整体和组成系统整体各要素的相互关系，从本质上说明其结构、功能、行为和动态，以把握系统整体，达到最优的目标。这又与我们的'信号与系统'有所不同。

系统论的出现，使人类的思维方式发生了深刻的变化。你还记得吗？在我们求解线性时不变系统的冲激响应时，是通过因式分解，把系统的算子方程或者特征方程分解为一阶方程，然后再通过一阶系统的解去组合出高阶方程的解。这也是我们在信号分析中采用的基本方法，它的思想来自于亚里士多德，由数学家笛卡儿奠定理论基础。这种方法的着眼点在局部或要素，遵循的是单项因果决定论。虽然这是 2000 多年来人们最熟悉的思维方法，但是它不能全面反映系统的整体性，以及系统各因素之间的联系和相互作用，它只适应于认识或研究较为简单的系统，如能用线性常系数微分方程所能表达的系统，而不能用于对复杂系统的研究。

在现代社会整体化和高度综合化发展的趋势下，系统科学方法为人们所面临的许多规模巨大、关系复杂、参数众多的复杂问题提供了高屋建瓴、纵观全局、别开生面的思维方式。因此不仅为现代科学的发展提供了理论和方法，而且也为解决现代社会中的政治、经济、军事、科学、文化等方面的各种复杂问题提供了方法论的基础，系统观念正渗透到每个领域。"

摆尾信服地点了点头："嗯，老师是说，第一，现代社会条件下，解决复杂问题需要有使用系统科学理论和方法的能力；第二，系统科学中所说的系统远比'信号与系统'课程里的系统复杂，更不能用'信号与系统'课程里的方法去分析处理系统科学中的问题；第三，'信号与系统'中的系统能为'系统科学'里的系统提供认识基础和研究起点，所以，不管我将来是从事信息科学领域的研究还是回老家当小学校长或者是去开公司挣钱，学好'信号与系统'都是有用的，也是应该的。"

甄德行赞许地竖起了大拇指："嗯，总结得很到位！"

摆尾开玩笑地说："您早这么说不就完了嘛！"

甄德行不服气地说："我早这么说，也得你信呀！再跟你说说控制论[○]吧！不过我得声明，我都是从网上的资料摘编的，如要进一步了解，请自行查阅相

○ https://baike.baidu.com/item/%E6%8E%A7%E5%88%B6%E8%AE%BA

关资料。

控制论是研究生命体、机器和组织的内部或彼此之间的控制和通信的科学。控制论的建立是 20 世纪的伟大科学成就之一，现代社会的许多新概念和新技术几乎都与控制论有着密切关系。控制论的应用范围覆盖了工程、生物、经济、社会、人口、军事等领域，已经并将继续产生巨大的效益。

控制论诞生的标志性事件是 1948 年维纳出版著作《控制论》，维纳把这本书的副标题取为'关于在动物和机器中控制与通信的科学'，在当时的研究状况下，这也是控制论的一个科学的定义。在这本著作中，维纳抓住了一切通信和控制系统都包含有信息传输和信息处理的过程的共同特点；确认了信息和反馈在控制论中的基础性，指出一个通信系统总能根据人们的需要传输各种不同的思想内容的信息，一个自动控制系统必须根据周围环境的变化自行调整自己的运动；等等。这为后来者对控制论的研究奠定了思想基础。

《控制论》所提供的基本思想和原理得到了各个领域内科学家的高度认同，并催生了相应的行业应用。心理学家、神经生理学家和医学家用控制论方法研究生命系统的调节和控制，建立了神经控制论、生物控制论和医学控制论，中国科学家钱学森则创立了工程控制论，提出工程控制论的对象是控制论中能够直接应用于工程设计的部分。20 世纪 60 年代起，苏联和东欧各国将控制论的思想和方法应用于军事指挥中，建立军事控制论。20 世纪 70 年代前后，面对科学技术发展而形成的复杂社会经济问题，借助微电子技术的快速发展和计算机的广泛应用而逐渐形成的全球信息系统，为控制论进一步发展提供了动力和条件。1975 年，在罗马尼亚布加勒斯特召开的第三届国际控制论与系统大会确认经济控制论这一新兴学科。同时，西欧、日本和美国出现管理控制论。1978 年，荷兰阿姆斯特丹召开的第四届国际控制论与系统大会确认社会控制论这一独立分支学科。1979 年，中国控制论科学家宋健等创立了人口控制论，用控制论的思想和方法解决人口发展趋势的中长期预报和最优控制，并在中国人口控制的社会实践中取得成功。许多高校开设的'自动控制理论'课程，则像我们的'信号与系统'课程一样，用数学方法研究解决工程控制中的问题。

关于控制论的进一步讨论回头你还是自己查资料吧，这里就不一一说了。至于信息论，则是用数学方法研究信息的测度理论和方法，并在此基础上研究与实际系统中信息的有效传输和有效处理的相关方法和技术问题，如编码、译码、滤波、信道容量和传输速率等。以后你会不断地接触信息论的内容，这里不多说了。

我要强调的是：第一，系统论与控制论、信息论、运筹学、系统工程、智能计算和现代通信技术等新兴学科相互渗透、紧密结合，共同发展，你学习这个专业，眼界不能太窄，要多学习一些相关领域的理论和方法，这样才能做出真正的学问；第二，系统论、控制论、信息论，正朝着'三归一'的方向发展，现已明确系统论是其他两论的基础。

至于'新三论'，即耗散结构论、协同论、突变论是最近四五十年来陆续确立并获得极快进展的系统理论的分支学科，具体内容连写书人也不甚了了，所以我也就不多说了，不过你可以去关注一下，说不定能找到灵感，促使你在专业上大进一步。

总之，不管你将来干什么，学生阶段要多学习一些相关领域的理论和方法，这样你才能有自己的思想、判断和创造性，才能做出真正有价值的工作成绩。"

摆尾听得是如醉如痴，频频点头。书中暗表，甄德行这一番启发真的让摆尾获得了巨大的启迪，为他日后的成长奠定了坚实的思想基础。

这边甄德行和摆尾聊得是如火如荼，而柳海风根本没有关心他们两个在说什么，他的注意力还集中在甄德行在第九回推导过程中的这一步。

$$i_{zs}(t) = h(t) * e(t) = (1-t)e^{-t}u(t) * e^{-2t}u(t)$$

$$= \int_{-\infty}^{\infty} (1-\tau)e^{-\tau}u(\tau) \cdot e^{-2(t-\tau)}u(t-\tau)\mathrm{d}\tau$$

$$= \int_{0}^{t} (1-\tau)e^{\tau}\mathrm{d}\tau \cdot e^{-2t}u(t)$$

　　他顾自拿笔算了一番，嘴里咕叽咕叽不知道嘀咕些什么，又默默地思考了一会儿，猛然拉起摆尾，激动而又紧张地说道："走！"飞快地奔了出去，撇下甄德行一个人莫名其妙地看着他们远去。

　　欲知柳海风看出什么端倪，又要做出什么惊天动地之举，请看第十一回：海风细说傅里叶　摆尾偷懒频谱生。

第十一回
海风细说傅里叶　摆尾偷懒频谱生

上回说到，柳海风看到，当冲激响应为 $h(t) = (1-t)e^{-t}u(t)$，激励为 $e^{-2t}u(t)$ 时，零状态响应为：$i_{zs}(t) = h(t) * e(t) = (1-t)e^{-t}u(t) * e^{-2t}u(t)$

$$= \int_{-\infty}^{\infty} (1-\tau)e^{-\tau}u(\tau) \cdot e^{-2(t-\tau)}u(t-\tau)d\tau$$

$$= \int_{0}^{t} (1-\tau)e^{\tau}d\tau \cdot e^{-2t}u(t)$$

他好像看出了什么门道，一阵激动，拉着摆尾，一阵风跑到自己的办公室，紧紧地锁上了门。

摆尾看到柳海风神秘的举动，满是疑惑地问："柳老师，您这是？"

柳海风拿过一张纸，写下了这个式子，$r(t) = \int_{-\infty}^{+\infty} e(t-\tau)h(\tau)d\tau$

激动地说："看到这个式子没有？这是冲激响应为 $h(t)$ 的线性时不变系统对激励 $e(t)$ 的响应。"

摆尾挠了挠头，纳闷地说："是呀！这是个卷积式。"

柳海风气急败坏地说："哎，真是，我问你，当激励为指数函数 e^{at} 时，它的响应是什么呢？"

摆尾拿过笔，边演算边说道：

"先不考虑积分限问题。这时，根据定积分的性质，

$$r(t) = \int_{-\infty}^{+\infty} e^{a(t-\tau)} h(\tau) d\tau$$

$$= \int_{-\infty}^{+\infty} e^{at} h(\tau) e^{-a\tau} d\tau$$

$$= \int_{-\infty}^{+\infty} h(\tau) e^{-a\tau} d\tau \cdot e^{at}$$

呀！它把激励 e^{at} 独立地列在积分号外面了！"

柳海风赞许地拍了拍摆尾："对了！你看到没有，最后这个乘积式中，前一部分 $\int_{-\infty}^{+\infty} h(\tau) e^{-a\tau} d\tau$ 只跟系统有关，与激励无关，后一部分就是激励，这就意味着，当激励是指数函数时，响应是一个只与系统有关的量与激励的乘积！"

摆尾也忍不住有些小激动："那这样的话，如果我们把一般的函数表达成指数函数的和，在求它通过线性时不变系统的响应时，是不是就只需要计算乘积和加法，不需要计算卷积这种复杂运算了呢？"

柳海风兴奋地说："是的！在数学上，加法和乘法运算是最简单的运算！我们居然可以只通过加法和乘法运算就可以求解线性时不变系统对任意激励的响应了，这是多么激动人心的一件事！"

摆尾不好意思地说："可是，柳老师，一般的函数怎么能够展开成指数函数的和呢？好像没有这种说法哎！"

柳海风信心满满地说："是的，一般函数不可能被展开为指数函数的和，但是，你记得不，周期函数，它是可以展开成虚指数函数的加权和的！"

摆尾纳闷地说："虚指数函数是个啥呀？"

柳海风皱了皱眉头："这样吧，我简单地跟你说明一下吧！"

柳海风边说边写："先说虚数吧。你知道，负数是不能开平方的。从数学的角度上看，我们不希望某种运算对运算对象有限制，解决的办法就是引入新的概念。定义一个 i（因为我们这门课习惯用 i 表示输入，所以后面我们将改用 j，这里先依照数学的表达习惯，用 i 来代表虚数单位），认为它的平方就是 –1，当然从普通人的认知角度看，这个 i 是找不到物理实体与之对应的。我们可以说有 2/3 个苹果、某块地的面积是根号 3，但你不能说有 i 斤大米，所以它是一个'虚数'。有了虚数的概念，负数不仅可以开平方，还可以取对数了，把虚数推广到复数 $a+bi$，则任意一元二次方程都可以求根了，由此很多问题都得到解决了。"

　　看到摆尾入迷似地听着，柳海风越说越来劲："考虑到直观性，我们用数轴表示实数，这样复数就没地方放了，就只好在实数轴上加一个虚数轴，构成一个复平面，如下图所示。

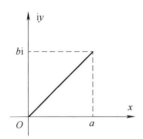

这样，任何一个复数都可以有一个几何表示了。"

　　摆尾说："这个看起来跟解析几何中的平面坐标系好像哎！"

　　柳海风笑了笑："本质上是一样的。这样把实数推广到了复数，也就可以顺手把实函数推广到复函数了，这就有了虚指数函数 e^{ix}。"

　　摆尾疑惑地说："可我还是不明白，怎样计算复函数 e^{ix} 的值呢？"

　　柳海风肯定地说："通过你在'高等数学'里学过的幂级数展开。

由于 $e^x = 1 + x + \dfrac{x^2}{2!} + \dfrac{x^3}{3!} + \cdots + \dfrac{x^n}{n!} + \cdots$

易得

$$
\begin{aligned}
e^{ix} &= 1 + ix + \frac{-x^2}{2!} + \frac{-ix^3}{3!} + \cdots + \frac{(i)^n x^n}{n!} + \cdots \\
&= 1 + ix - \frac{x^2}{2!} - i\frac{x^3}{3!} + \cdots \\
&= 1 - \frac{x^2}{2!} + \frac{x^4}{4!} + \cdots + i\left(x - \frac{x^3}{3!} + \frac{x^5}{5!} + \cdots \right) \\
&= \cos x + i\sin x\text{。"}
\end{aligned}
$$

　　摆尾盯着这个推导看了半天，突然大叫："呀，老师，你发现了欧拉公式！可欧拉……"

　　柳海风制止摆尾继续说下去："这点小事算什么，就让欧拉占点便宜好了，等会我们还有更厉害的。"

"信号与系统"教材中都给出了这样一个欧拉公式：

$$e^{ix} = \cos x + i\sin x$$

$$\cos x = \frac{e^{ix} + e^{-ix}}{2}, \quad \sin x = \frac{e^{ix} - e^{-ix}}{2i}$$

摆尾还没有来得及称赞柳海风的高风亮节，猛然说道："我记得您在上高等数学时给我们讲过将一个函数展开成正弦、余弦函数的级数形式，好像有点能沾上这个虚指数函数的边，不过那时候我上课一直在打瞌睡，不怎么明白，您能不能再解释一下呢？"

柳海风宽容地笑着说："现在知道'高等数学'有用了吧？当初叫你们好好听课，你们还不耐烦。不过也不能全怪你，高等数学中，傅里叶级数展开的复指数形式不是重点，很多老师都是一带而过的。数学嘛，它又不是只面向你一个专业，它区分重难点的时候不会考虑指数形式比一般形式在你们这门课里更有用。以后你掌了权，可以搞搞改革，让数学在工程教育领域更有针对性。"

柳海风收敛笑容，故作深沉地向远处望了一眼，缓缓说道："其实，在我们这个宇宙中，周期现象是主流的。年有四季，花有开谢，唯有这周期性的事物才是我们内心的期待，那些一去不复返的东西终将遗忘在脑海。"柳海风这莫名其妙的感叹一下子让摆尾想起了自己的初恋，内心不由一阵酸楚。柳海风继续说道："我们用周期函数来描述周期现象。在周期函数中，正弦函数 $\sin t$、余弦函数 $\cos t$ 无疑是最简单的函数，说它简单是因为它的性质特别好，它具有指数函数一样的无穷可导性和求导不变性，工程上易于实现，咱们常见的交流电的电压、电流就是按正弦规律变化的。由于它的周期是固定值 2π，为了得到任意周期 T 的正弦、余弦函数，引入一个角频率 $\omega = \frac{2\pi}{T}$，建立函数 $\sin\omega t$、$\cos\omega t$，它的周期就是 T，如果 T 的单位用秒表示，那么 ω 的单位是弧度/秒，这个概念可能不太好理解，那么我们令 $f = \frac{1}{T}$，它表示每秒内的周期个数，具有频率的意义，$\omega = 2\pi f$ 代表了从频率到角频率的一个对应。它们都能用来表示变化的快慢，只是在不同的场合，用不同的方法表示更方便。

对周期为 T 的周期函数 $f(t)$，称 $\omega_0 = 2\pi / T$ 为它的基波频率，考虑到最常见、性质也最简单的周期函数是正、余弦函数，按照咱们前面处理问题的一般思路，将 $f(t)$ 写成正、余弦函数的加权和，即：

$$f(t) = a_0 + a_1 \cos \omega_0 t + b_1 \sin \omega_0 t + a_2 \cos 2\omega_0 t + b_2 \sin 2\omega_0 t + \cdots$$

为了计算系数 a_0，利用正弦、余弦函数的周期性，两边在 $[-T/2, T/2]$ 上积分，得

$$a_0 = \frac{1}{T} \int_{-T/2}^{T/2} f(t) \mathrm{d}t$$

为了计算系数 a_n、b_n，两边分别乘以 $\cos n\omega_0 t$, $\sin n\omega_0 t$，利用前面提到的三角函数系的正交性，在 $[-T/2, T/2]$ 上积分得

$$a_n = \frac{2}{T} \int_{-T/2}^{T/2} f(t) \cos n\omega_0 t \mathrm{d}t , \quad b_n = \frac{2}{T} \int_{-T/2}^{T/2} f(t) \sin n\omega_0 t \mathrm{d}t$$

对任何周期函数 $f(t)$，按以上方法都可以写出这一展开式，但右端的无穷级数并不总是收敛的，即使收敛也未必一定收敛到 $f(t)$。关于展开式的收敛性，有如下的狄利克雷定理。

若函数 $f(t)$ 满足：

① 在任意有限区间内至多有有限个第一类间断点；

② 在一个周期内极值点的个数有限；

③ 在一个周期内绝对可积：$\int_{t_0}^{t_0+T} |f(t)| \mathrm{d}t < \infty$

则展开式右端的无穷级数收敛，且在 $f(t)$ 的连续点收敛于 $f(t)$，在 $f(t)$ 的间断点收敛于 $f(t)$ 左右极限的平均值，即有

$$\frac{f(t_-) + f(t_+)}{2} = a_0 + a_1 \cos \omega_0 t + b_1 \sin \omega_0 t + a_2 \cos 2\omega_0 t + b_2 \sin 2\omega_0 t + \cdots$$

$$= a_0 + \sum_{n=1}^{\infty} (a_n \cos n\omega_0 t + b_n \sin n\omega_0 t)$$

这一表达式称为周期函数的傅里叶展开式。狄利克雷定理中的条件也称为狄利克雷条件或狄氏条件，一般工程中的信号都满足这一条件，因此后面不再特别指出。根据高等数学知识，若 $f(t)$ 是周期为 T 的信号，则对任意 t_0，都有 $\int_{-T/2}^{T/2} f(t) \mathrm{d}t = \int_{t_0}^{t_0+T} f(t) \mathrm{d}t$，因此，今后在 a_n, b_n 的表达式中，其积分限不再特意

指明，只要是在一个周期内积分就可以了。

为使展开式更紧凑，将同频率的项合并，令

$$c_0 = a_0$$

$$c_n = \sqrt{a_n^2 + b_n^2}$$

$$\varphi_n = -\arctan\frac{b_n}{a_n}$$

$$\sin\varphi_n = \frac{-b_n}{\sqrt{a_n^2 + b_n^2}}$$

$$\cos\varphi_n = \frac{a_n}{\sqrt{a_n^2 + b_n^2}}$$

以上展开式可以改写成

$$\frac{f(t_-) + f(t_+)}{2} = c_0 + \sum_{n=1}^{\infty} c_n \cos(n\omega_0 t + \varphi_n)$$

以后不再区分连续点和第一类间断点，统一地写成

$$f(t) = c_0 + \sum_{n=1}^{\infty} c_n \cos(n\omega_0 t + \varphi_n)$$

在第一类间断点处，$f(t)$ 的值用其左右极限的平均值替换，这也是有些分段函数在间断点处不定义的原因之一。

这两个展开式本质上是一样的，是可以互相导出的。比较来看，前一个展开式是正交展开，展开式的系数可以用内积方便快捷地得到，但每一个频率都有两个项，后一个式子不是正交的，展开式系数不能直接计算，要通过第一个式子的计算过程来转化，但是，第二个展开式的意义更加生动：它是把一个复杂的周期信号展开成简单的周期信号的和，并且这些简单周期信号还可以按照频率从小到大的顺序排列起来，每一项的频率都是基频的整数倍，幅度和相位分别表示了相应频率分量的大小和位置，这是第一个展开式所没有的特性。那么，有没有一种展开式可以把它们的优点结合起来呢？"

柳海风下意识地看了一眼摆尾，发现他睡眼朦胧，似要入梦，不禁大怒："你让我讲，却又不听。来来来，你把这个函数展开成上面说的第二种形式。"

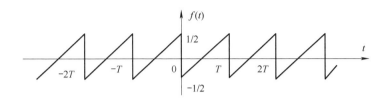

半梦半醒的摆尾意识到柳教授生气了，不敢怠慢，忙开动脑筋，飞速演算起来。摆尾是甚等样人，草稿都不用打，不一会儿，就在纸上写下一串数字：

$$\omega_0 = \frac{2\pi}{T}$$

$$0, \left(\frac{1}{\pi}, \frac{\pi}{2}\right), \left(\frac{1}{2\pi}, \frac{\pi}{2}\right), \left(\frac{1}{3\pi}, \frac{\pi}{2}\right), \cdots, \left(\frac{1}{n\pi}, \frac{\pi}{2}\right) \cdots$$

柳海风一看，真生气了。他强忍着火，说道："叫你展开成傅里叶级数，你给我写这东西干什么？"

摆尾一看柳海风真生气了，忙战战兢兢地说："老师您先别急，我是这样想的，这个函数是奇函数，所以，展开式中 $a_0 = 0$，$a_n = 0$，

$$b_n = \frac{4}{T}\int_0^{\frac{T}{2}} f(t)\sin(n\omega_0 t)\mathrm{d}t$$

$$= \frac{4}{T}\int_0^{\frac{T}{2}} \left(\frac{1}{T}t - \frac{1}{2}\right)\sin(n\omega_0 t)\mathrm{d}t$$

$$= -\frac{1}{n\pi}$$

得

$$f(t) = -\frac{1}{\pi}\left(\sin\omega_0 t + \frac{1}{2}\sin 2\omega_0 t + \frac{1}{3}\sin 3\omega_0 t + \cdots\right)$$

$$= \frac{1}{\pi}\cos\left(\omega_0 t + \frac{\pi}{2}\right) + \frac{1}{2\pi}\cos\left(2\omega_0 t + \frac{\pi}{2}\right) + \frac{1}{3\pi}\cos\left(3\omega_0 t + \frac{\pi}{2}\right) + \cdots$$

反正展开式里的每一项都是余弦项，频率都是基频的整数倍且是从小往大排的，所以我就只标明每一个频率分量的幅度和相位，比如 $\left(\frac{1}{2\pi}, \frac{\pi}{2}\right)$ 就是代表项 $\frac{1}{2\pi}\cos\left(2\omega_0 + \frac{\pi}{2}\right)$，还有中间 '+' 都省略了。对不起，我不该偷懒。"说罢

做出要哭的样子。

柳海风一下子惊呆了，他死死地盯着摆尾写下的式子，半天，猛地一拍桌子："哎呀我说摆尾，你太了不起了，太厉害了！发达了发达了，哈哈哈哈哈哈哈哈！"

摆尾摸不着头脑，小心翼翼地问："老师您怎么啦？"

柳海风收敛了笑容，说："摆尾呀！你这一偷懒，'偷'出一片新天地呀！我给你从头说起吧！我们说，对一个复杂的周期函数 $f(t)$，我们把它分解成简单周期函数的加权和

$$f(t) = c_0 + \sum_{n=1}^{\infty} c_n \cos(n\omega_0 t + \varphi_n)$$

这个分解的好处是把 $f(t)$ 分成能够按频率由小到大排列的不同频率分量的和。这本来也没有什么了不起，但你这一偷懒倒提醒我了，我们可以建立对应关系

$$f(t) \rightarrow \{(c_n, \varphi_n)\}$$

$\{(c_n, \varphi_n)\}$ 就可以作为 $f(t)$ 另一种形式的表达式，它表达了各频率分量的振幅、相位随频率 $n\omega_0$ 的变换情况，它们可以看成是信号特性在频率角度上的表现。

方便起见，分别建立 $f(t) \rightarrow c_n$，$f(t) \rightarrow \varphi_n$ 两组关系，代表 $f(t)$ 中各频率分量的幅度和相位关于频率的分布。这样我们就得到一个信号的新的表示方法，称之为幅度谱和相位谱。比如，对时域信号

$$f(t) = 2 + 3\cos 2t + 4\sin 2t + 2\sin(3t + 30^\circ) - \cos(7t + 150^\circ)$$

先将含有相同频率的正弦项与余弦项合并为一个余弦项，且所有项都表示为带正振幅的余弦项。

$$3\cos 2t + 4\sin 2t = 5\cos(2t - 53.13^\circ)$$
$$\sin(3t + 30^\circ) = \cos(3t + 30^\circ - 90^\circ) = \cos(3t - 60^\circ)$$
$$-\cos(7t + 150^\circ) = \cos(7t + 150^\circ - 180^\circ) = \cos(7t - 30^\circ)$$
$$\therefore f(t) = 2 + 5\cos(2t - 53.13^\circ) + 2\cos(3t - 60^\circ) + \cos(7t - 30^\circ)$$

$$= 2 + \frac{5}{2}(e^{j(2t-53.13°)} + e^{-j(2t-53.13°)}) + (e^{j(3t-60°)} + e^{-j(3t-60°)}) + \frac{1}{2}e^{j(7t-30°)} + e^{-j(7t-30°)}$$

这样，原信号就可以表示为

$$c(\omega) = \begin{cases} 2 & \omega = 0 \\ 5 & \omega = 2 \\ 2 & \omega = 3 \\ 1 & \omega = 7 \\ 0 & 其他 \end{cases}$$

和

$$\varphi(\omega) = \begin{cases} 0 & \omega = 0 \\ -53.13° & \omega = 2 \\ -60° & \omega = 3 \\ -30° & \omega = 7 \\ 0 & 其他 \end{cases}$$

而且还可以用图形表示为

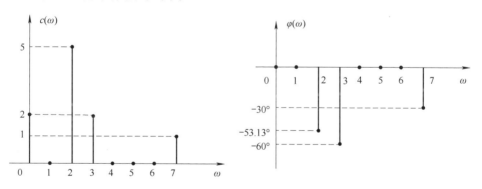

看看，是不是很有味道？"

摆尾没有觉得这有啥了不起，看上去还没有前面那种表示方法顺眼呢！想不明白柳海风为啥这么兴奋，并且跟一开始说的把一般函数展开成虚指数函数和的事也没有什么关系嘛！就不动声色地提醒说："柳老师，我看你把这个时域信号表示成余弦函数的线性组合了，那是不是可以通过欧拉公式再把它写成虚指数函数的线性组合呢？"

柳海风说："对！利用欧拉公式 $\cos\left(n\omega_0 t+\varphi_n\right)=\dfrac{\mathrm{e}^{\mathrm{j}(n\omega_0 t+\varphi_n)}+\mathrm{e}^{-\mathrm{j}(n\omega_0 t+\varphi_n)}}{2}$ ，可以得到

$$f(t)=c_0+\sum_{n=1}^{\infty}c_n\frac{\mathrm{e}^{\mathrm{j}(n\omega_0 t+\varphi_n)}+\mathrm{e}^{-\mathrm{j}(n\omega_0 t+\varphi_n)}}{2}$$

如果我们再引入一个符号

$$F_n=\frac{c_n}{2}\mathrm{e}^{\mathrm{j}\varphi_n},F_{-n}=\frac{c_n}{2}\mathrm{e}^{-\mathrm{j}\varphi_n}$$

就可以得到一个更简捷的表达式

$$f(t)=\sum_{n=-\infty}^{\infty}F_n\mathrm{e}^{\mathrm{j}n\omega_0 t}\quad。"$$

摆尾仔细看了一下，说："老师有几个小问题。第一，您这里是不是把 c_0 看成 F_0？"看到柳海风点了点头，继续说："第二，您引入了一个负的下标 n，然后设了 $c_{-n}=c_n$，$\varphi_{-n}=-\varphi_n$？"

柳海风赞许地说"是的，你真聪明，都看出来了，这只是一个数学技巧，引入几个符号让表达式看起来更好看。这样，刚才那个例子就得到了另一个表达式

$$|F(\omega)|=\begin{cases}2 & \omega=0\\2.5 & \omega=2,-2\\1 & \omega=3,-3\\0.5 & \omega=7,-7\\0 & 其他\end{cases}$$

和

$$\varphi(\omega)=\begin{cases}30° & \omega=-7\\60° & \omega=-3\\53.13° & \omega=-2\\-53.13° & \omega=2\\-60° & \omega=3\\-30° & \omega=7\\0 & 其他\end{cases}$$

用图形可以表示为

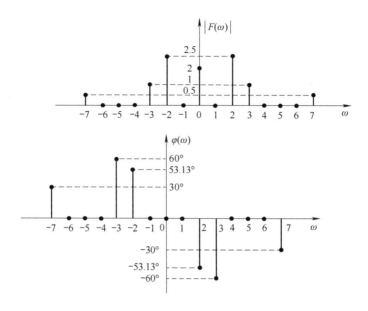

　　它与前面那个频率表示相比，其实就是把单边切分成了双边：幅度除 0 频率处不变外一分为二，两边各一半，偶对称，相位补一个奇对称（没有分半哦，直接奇对称过去的）。关于这个做法，有的老师认为是引入了一个负频率，也有的老师认为这只是一个数学技巧，没有实际意义。这种争论其实没有意义。怎么说都行，反正引入一个辅助量，表达上更便于处理了，就是一种胜利。"

　　摆尾说："您这样一来，表达式看起来的确是简单多了，但除此之外还有什么好处吗？"

　　柳海风笑着说："好处很多，最大的好处是这个表达式是一种正交表达，展开式系数可以用内积的方式直接计算，$F_n = \int_{-\infty}^{\infty} f(t) \mathrm{e}^{-jn\omega_0 t} \mathrm{d}t$，它就是我们刚才提到的，既是正交分解，又是按频率大小顺序排列、同时具有两个优点的展开式。"

　　摆尾感叹道："啊！有这么神奇？"

　　柳海风自信地说："是的，你可以自己推导一下看，不过一般的'信号与系统'教材都有详细的推导过程，你也可以去看一下。哎，又被你带沟里了。刚才还在讨论你给出的那个信号新表示呢，怎么又回到傅里叶展开的指数形式了。那就放在一块说罢！对一个时域周期信号 $f(t)$，借助傅里叶展开式，我们总可以把它表示成两个序列 $\{c_n\}$ 和 $\{\varphi_n\}$，或者一个复指数序列 $\{F_n\}$，它们都是关于频率的分布，称为频谱吧！而且，因为是你发明的，我们还可以称它为'摆尾频谱'，简称'摆谱'。"

俗话说"隔墙有耳"，这不，师徒俩的悄悄话不知怎么就传到社会上去了，由此产生一个新词"摆谱"，用于讥讽那些故作高深、名不副实的行为。

摆尾赶忙谦虚地说："哪里哪里，都是老师启发的结果，还是叫作柳氏频谱比较合适。"

柳海风没有答话，此刻，他的心已经飞越世界。他看到，因为频谱的发现使他成为一个真正的牛人——牛顿那样的人，他的名字被写入论文、写入教材，课堂上、工厂里，到处传播着他的学说……

猛地，一声大喊惊醒了他："太过分了吧！怎么能这样生抢呢！"二人仔细一看，原来是傅里叶正怒目逼视着他们："你们不能任由写书人胡说！别人辛辛苦苦干了几百年出了点成果，怎么倒成了你们的了？"

二人面面相觑，不知如何应答。傅里叶扬长而去，留下二人尴尬。

欲知后事如何，请看第十二回：傅氏变换坐天下　信号纷入频域中。

第十二回
傅氏变换坐天下　信号纷入频域中

上回说到，傅里叶从柳海风那里夺回了频谱的命名权，但老实说，他心里也是有点虚的：尽管他第一个提出将周期信号表达成正弦信号的和，但相信从一开始就读本书的读者一定能意识到，只要承认，第一，正弦信号是最简单的周期信号，第二，将复杂信号展开成简单信号的线性组合是一种基本方法，谁都能够做到，并且，用展开式系数作为一种新的表达式这种想法也不能全算在傅里叶头上，估计后人也不会把频谱这个概念命名为傅里叶谱。带着这种复杂的心情，傅里叶召集他的四个徒弟开了一个会，专门讨论信号的表示形式问题。

傅里叶开门见山，直奔主题："孩儿们，咱们把一般周期信号展开成简单周期信号和的分析方法被别人学会了，而且还有了进一步发展，说用展开式的系数作为信号的一种新表示。我研究了一下，这种提法还真的很有意思，它按构成这个一般信号的正弦分量的频率排列来表示信号，突出了各个频率成分的幅度大小和相对位置，因为各分量是独立的，所以可以实现对一般信号的分频段处理，这就会对以后的通信和信息处理技术产生不可估量的促进作用，有可能彻底改变人类的生产生活方式，比如把好多事都交给机器人，比如人们晚上不再早早上床睡觉，而是一个人抱一部手机，玩微信刷抖音。"

二徒弟落叶知秋后悔得捶胸顿足："哎呀哎呀，我们就差一步，就差一步呀！咱当时咋没想到，把展开式的系数单独拿出来说事呢？"

傅里叶不满地瞄了他一眼，接着说："我今天叫你们来的意思，是看看能不能在他们的做法上再往前推一步，取得一点新成果，夺回我们的领先地位。"

弟子们叽叽咕咕地议论开了。是呀，还有什么能做的呢？

不一会儿，小师妹金枝玉叶发话了："师父，我觉得我们可以考虑一下非周期信号的频谱问题。"

金枝玉叶是傅里叶的四徒弟。傅里叶有四个徒弟：叶公好龙、落叶知秋、枝繁叶茂、金枝玉叶（有人怀疑这是模仿了金庸在《天龙八部》里给四大恶人起名的方式，其实不是的。因为菩提老祖给孙悟空起名的时候就是用的这种方法），四弟子最聪明，也最讨喜，因此傅里叶对她从来是言听计从，一听到她说讨论非周期信号的频谱，傅里叶马上肯定。

"好好，看看怎样把频谱的概念推广到非周期信号。"

大弟子叶公好龙老成持重，思维最为缜密，他沉吟了一会儿，开口说道："直观上看，非周期信号可以看成是周期信号在周期趋于无穷大时的特例，所以我们不妨从周期信号的频谱入手。由于指数形式的频谱形式上最紧凑，我们可以从这里开始。周期信号指数形式的频谱是

$$F(n\omega_1) = \frac{1}{T_1} \int_{-\frac{T_1}{2}}^{\frac{T_1}{2}} f(t) \mathrm{e}^{-jn\omega_1 t} \mathrm{d}t$$

令 $T_1 \to \infty$，谱系数 $F(n\omega_1) = \frac{1}{T_1} \int_{-\frac{T_1}{2}}^{\frac{T_1}{2}} f(t) \mathrm{e}^{-jn\omega_1 t} \mathrm{d}t \to 0$，这样直接用 $F(n\omega_1)$ 表示频谱就不合适了，不过，虽然 $F(n\omega_1)$ 的幅度无限小，但相对大小可能仍有区别，由于 T_1 是导致频谱幅度趋于 0 的关键因素，为了消去 T_1 的影响，我们可以考虑 $T_1 F(n\omega_1)$

$$T_1 F(n\omega_1) = \frac{F(n\omega_1)}{\frac{1}{T_1}} = \frac{F(n\omega_1)}{f} = \int_{-\frac{T_1}{2}}^{\frac{T_1}{2}} f(t) \mathrm{e}^{-jn\omega_1 t} \mathrm{d}t$$

从量纲上看，它可以理解为单位频率上的频谱。

当 $T_1 \to \infty$ 时，$f = \frac{1}{T_1} \to 0$，$\omega_1 = \frac{2\pi}{T_1} \to 0$，$F(n\omega_1) \to 0$，将 $n\omega_1$ 表示为连续变

量 ω，若 $T_1 F(n\omega_1) = \dfrac{F(n\omega_1)}{f}$ 趋向于有界函数，则可令

$$F(\omega) = \lim_{T_1 \to \infty} T_1 F(n\omega_1) = \lim_{T_1 \to \infty} \int_{-\frac{T_1}{2}}^{\frac{T_1}{2}} f(t) e^{-jn\omega_1 t}\, \mathrm{d}t = \int_{-\infty}^{\infty} f(t) e^{-j\omega t}\mathrm{d}t$$

怎么样，这个可不可以作为时域信号的频谱呢？"

傅里叶看了看，说："能不能用还要看它能不能与时域信号 $f(t)$ 相互唯一表示。能从 $F(\omega)$ 确定 $f(t)$ 吗？"

叶公好龙肯定地说："能的。在指数形式的傅里叶展开式中，有

$$f(t) = \sum_{n=-\infty}^{\infty} F(n\omega_1) e^{jn\omega_1 t}$$

按照上面取极限的方法，很容易就能得到

$$f(t) = \frac{1}{2\pi} \int_{-\infty}^{\infty} F(\omega)\, e^{j\omega t}\mathrm{d}t$$

一般的'信号与系统'教材中都是有的。"

傅里叶一看，还真没毛病，就想肯定叶公好龙的推导，二弟子落叶知秋发话了，口气里带着不服："人家周期信号的频谱 $F(n\omega_1)$，可是有明确的物理意义，它表示原信号当中的分量 $\cos(n\omega_1 t)$ 的相对幅度大小和位置，你这里的 $F(\omega)$ 又代表什么呢？"

叶公好龙轻蔑地看了一眼这个光会吃醋不讨人喜的师弟，耐着性子说："周期信号可以看成是基频及基频整数倍频率的正弦分量的加权和，它的频谱就是用来表示这些正弦分量的大小和位置的量，它当然是离散的。非周期信号呢，本来是没有基频的，但我们把它当成是周期无穷大的周期信号，那就相当于引入了一个无穷小的基频，$f(t) = \dfrac{1}{2\pi} \int_{-\infty}^{\infty} F(\omega)\, e^{j\omega t}\mathrm{d}t$ 就相当于把信号表达成了所有频率上'分量'的叠加——积分就是加法嘛！当然了，这里 $F(\omega)$ 和周期信号展开式中的 $F(n\omega_1)$ 意义是不一样的，$F(n\omega_1)$ 表示的是原信号中 $\cos(n\omega_1 t)$ 的相对大小和位置，而 $F(\omega) = \lim\limits_{T_1 \to \infty} T_1 F(n\omega_1)$ 相当于在 $F(n\omega_1)$ 中除了频率，有单位频率上 $\cos(\omega t)$ 相对大小和位置的意义，因而，它有'频谱密度'的含义，为了节省名词，我们还把它称为频谱，相信学习的人会分得清的。"

落叶知秋一拍脑袋，说道："明白了。周期信号可以看成是基频及其整数倍的频率上正弦分量的叠加，频谱就记录了各分量在叠加后信号中的幅度和相位（就是相对大小和位置的意思），而非周期信号呢，因为周期被看成无穷大，基频就是无穷小，就相当于所有频率都有原信号的'正弦分量'，不过它不是真的正弦分量，而是正弦分量 $\cos(\omega t)$ 的'密度'。"

三弟子枝繁叶茂性子急，早就不耐烦了，大声嚷嚷道："你们在说啥呢？叽里咕噜的，索性规定

$$F(\omega) = \int_{-\infty}^{\infty} f(t)\mathrm{e}^{-\mathrm{j}\omega t}\,\mathrm{d}t$$

$$f(t) = \frac{1}{2\pi}\int_{-\infty}^{\infty} F(\omega)\mathrm{e}^{\mathrm{j}\omega t}\mathrm{d}\omega$$

为一个傅里叶变换对，前一个称为 $f(t)$ 的傅里叶变换或者频谱，后一个称为 $F(\omega)$ 的反变换，不就完了嘛！"

叶公好龙刚想开口，落叶知秋忙抢着说："对搞理论的来说，直接定义一个积分变换也没有问题，反正就是把一个函数形式变成另一个函数形式，只要变了之后更便于分析处理就行，几十年后会产生一个叫'调和分析'的数学学科，就是这么干的。不过对搞工程技术的人来说，可能带一点工程背景更符合他们的口味。"

小师妹金枝玉叶马上接过来说："这还不简单？把两种观点都传下去，谁爱咋看咋看呗！"看到傅里叶赞许地点了点头，金枝玉叶继续说："我只是觉得，周期函数的频谱是正弦分量的分布情况，而非周期函数的频谱又是正弦分量密度的分布情况，可偏偏都叫频谱，这让人家初学的人很容易搞混，能不能统一起来呢？"

叶公好龙想了一下说："倒没有必要统一。就像在概率论中，离散型随机变量的分布指的是概率分布，而连续性随机变量的分布指的是分布密度，两者都是概率分布。学生们都已经习惯了。"

金枝玉叶有点不解地说道："师父，我看到后人在写'信号与系统'教材时，这个傅里叶变换 $F(\omega)$ 有的写成 $F(\mathrm{j}\omega)$，这个事要不要统一一下呢？"

枝繁叶茂不耐烦地说："这你管他干嘛！在傅里叶变换中，j 总是和 ω 同时

出现的，所以写 $F(\omega)$ 和写 $F(\mathrm{j}\omega)$ 完全是一回事，反正就是一个名字嘛！不仅没必要统一，甚至都没必要一致。就像这本书，在写频率的函数时，一会儿写 $H(\omega)$ 一会儿写 $H(\mathrm{j}\omega)$，没有问题的。"

金枝玉叶白了一眼三师兄，小嘴儿一兜不再说话。

傅里叶看到没等自己开口，徒弟们把什么事情都做好了，内心里感到非常欣慰。他高兴地说："那就这样吧，我们就命名它为傅里叶变换。大家再讨论一下，怎样把时域信号移到频域呢？尤其是'信号与系统'课程里涉及的信号。"

叶公好龙看到师父肯定了自己的工作，无比兴奋。他接过师父的话头，愉快地说："我们还是按照他们课程的一般思路，先给出基本信号的傅里叶变换式，再给出傅里叶变换的性质，也就是傅里叶变换与信号其他运算的交换关系，这样就可以求得课程里所有信号的傅里叶变换了。"

落叶知秋忙说："如果积分 $\displaystyle\int_{-\infty}^{\infty} f(t)\mathrm{e}^{-\mathrm{j}\omega t}\,\mathrm{d}t$ 收敛，那它的傅里叶变换就特别简单了，比如：

矩形脉冲信号 $f(t)=E\left[u\left(t+\dfrac{\tau}{2}\right)-u\left(t-\dfrac{\tau}{2}\right)\right]$

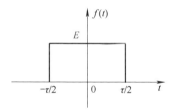

依定义，傅里叶变换为 $F(\omega)=\displaystyle\int_{-\frac{\tau}{2}}^{\frac{\tau}{2}} E\mathrm{e}^{-\mathrm{j}\omega t}\,\mathrm{d}t=E\tau\,\mathrm{Sa}\left(\dfrac{\omega\tau}{2}\right)$

其幅度谱为 $\left|F(\omega)\right|=E\tau\left|\mathrm{Sa}\left(\dfrac{\omega\tau}{2}\right)\right|$

相位谱为 $\varphi(\omega)=\begin{cases}0 & \dfrac{4n\pi}{\tau}<|\omega|<\dfrac{2(2n+1)\pi}{\tau}\\[3mm] \pm\pi & \dfrac{2(2n+1)\pi}{\tau}<|\omega|<\dfrac{2(2n+2)\pi}{\tau}\end{cases}\qquad n=0,1,2,\cdots$

对应的波形为

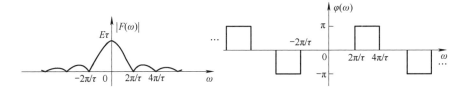

这两张图比较特殊，可以把相位谱的信息合并在幅度谱里，得到：

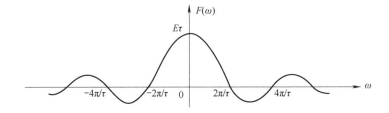

可见，矩形脉冲信号的傅里叶变换是抽样信号。

还有，单边指数信号 $f(t) = e^{-at}u(t), a > 0$

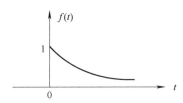

依定义，容易算得其傅里叶变换为

$$F(\omega) = \frac{1}{a + j\omega}$$

$f(t)$ 的幅度谱为

$$|F(\omega)| = \frac{1}{\sqrt{a^2 + \omega^2}}$$

相位谱为

$$\varphi(\omega) = -\arctan\left(\frac{\omega}{a}\right)$$

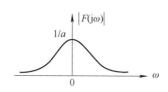

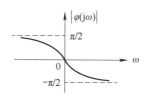

双边指数信号

$$f(t) = e^{-a|t|} \quad -\infty < t < \infty, \ a > 0$$

依定义，容易算得其傅里叶变换为

$$F(\omega) = \frac{2a}{a^2 + \omega^2}$$

所以，$f(t)$ 的幅度频谱为

$$|F(\omega)| = \frac{2a}{a^2 + \omega^2}$$

相位频谱为 $\varphi(\omega) = 0$

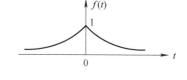

包括那个冲激信号 $\delta(t)$ 傅里叶变换为：

$$F(\omega) = \int_{-\infty}^{\infty} \delta(t) e^{-j\omega t} \, dt = 1$$

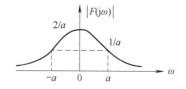

"哎，等等。这个信号有意思。时域里它是无穷大，到了频域，就在每一个频率上都是常数 1。这说明冲激信号含有所有的频率分量，并且'密度'相等！怪不得会用冲激函数来做测试函数，用冲激响应作为系统特性的描述呢，原来输入一个冲激就相当于输入了所有的频率分量呀！有趣有趣！呵呵呵……"

枝繁叶茂就看不惯二师兄这忘乎所以的样子，冷冷地说："你这个积分存在的条件是啥？有没有不满足条件，但又需要用到傅里叶变换的函数呢？"

叶公好龙知道二师弟答不上来这个问题，主动接过话茬说："我们知道，如果 $f(t)$ 绝对可积，即 $\int_{-\infty}^{\infty} |f(t)| \, dt < \infty$，那么它的傅里叶变换一定存在，当然，也有一些函数不满足这个条件，但也需要把它搬到频域中去，比如符号函数

$$f(t) = \text{sgn}(t) = \begin{cases} +1, & t > 0 \\ -1, & t < 0 \end{cases}$$

它不满足绝对可积的傅氏变换条件，可借助指数函数求极限的方法求其傅里叶变换。

$$\mathrm{sgn}(t) = \lim_{a \to 0}[e^{-at}u(t) - e^{at}u(-t)]$$

$$F(\omega) = \lim_{a \to 0}\left[\frac{1}{a + j\omega} - \frac{1}{a - j\omega}\right] = \frac{2}{j\omega}$$

幅度谱：   相位谱：

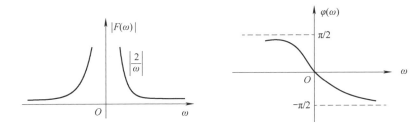

单位阶跃函数 $u(t) = \frac{1}{2} + \frac{1}{2}\mathrm{sgn}(t)$ 也不满足绝对可积条件，不能用定义求，但可以分开来求。

各分式对应的傅里叶变换为

$$\frac{1}{2} \leftrightarrow \pi\delta(\omega) \qquad \frac{1}{2}\mathrm{sgn}(t) \leftrightarrow \frac{1}{j\omega}$$

故其傅里叶变换为

$$u(t) \leftrightarrow \pi\delta(\omega) + \frac{1}{j\omega} \text{''}$$

"等等等等，"枝繁叶茂拦住话头："你为什么不直接用求极限的方式来求阶跃信号的傅里叶变换呢？如果直接求极限，应该是

$$u(t) = \lim_{a \to 0}[e^{-at}u(t)]$$

$$F(\omega) = \lim_{a \to 0}\left[\frac{1}{a + j\omega}\right] = \frac{1}{j\omega}$$

这两个结果不一样哎！"

叶公好龙呆住了，他不知道该怎样解释这件事，只好转过头，求救地看着傅里叶。

傅里叶稍微思考了一下，谨慎地说道："我们前面定义傅里叶变换时，要求函数满足绝对可积条件，像符号函数、阶跃函数这样的函数，不满足绝对可积条件，本来是不应该定义傅里叶变换的，但是'信号与系统'这个课程为了他们的需要，非要将这些奇异信号也搬到频域中来，就变着法算奇异信号的频谱了。严格说，极限法是不正确的方法，因为傅里叶变换是积分运算，而积分运算与极限运算交换顺序是有条件的，不考虑条件能否满足，得到的结果可能合理，也可能不合理，就像在这里，用极限法求符号函数的频谱得到的结果就合理，而对阶跃信号就不合理。至于奇异信号的傅里叶变换到底是什么，就不在这个课程里讨论了，以后你们讲课时，可以告诉学生，满足绝对可积条件的普通信号的傅里叶变换可以用定义式来计算，而奇异信号，包括冲激信号，它们的频谱要用到广义函数的理论来定义，只要告诉他们是什么就行了。包括你们可能碰到的这个结论，即

因为 $1 \leftrightarrow 2\pi\delta(\omega)$，代入傅里叶变换式，得：

$$\int_{-\infty}^{\infty} 1 \cdot e^{-j\omega t}\,dt = 2\pi\delta(\omega)$$

利用欧拉公式，得 $\int_{-\infty}^{\infty}\left[\cos(\omega t) + j\sin(\omega t)\right]dt = 2\pi\delta(\omega)$

由此得出：$\int_{-\infty}^{\infty}\cos(\omega t)\,dt = 2\pi\delta(\omega)$，$\int_{-\infty}^{\infty}\sin(\omega t)\,dt = 0$

这是很打'高等数学'老师脸的，因为他们认为这两个广义积分不收敛。发生这样的问题就是因为生搬硬套地将广义函数当成普通函数来处理，相当于用明朝的尚方宝剑斩了清朝的官儿，有点儿说不过去。"

众弟子豁然开朗。金枝玉叶抢着发话："师父说得太好了，把好多教材没有说清楚的事情都说清楚了。现在咱们把信号都搬到频域里了，那是不是把系统也一起搬进来呀？"

傅里叶亲切地说："把系统搬到频域，需要利用傅里叶变换的性质，所以我们要先建立傅里叶变换的性质体系。"

众弟子纷纷点头。欲知后事如何，请看第十三回：长歌一曲天地动　变换性质也销魂。

第十三回
长歌一曲天地动　变换性质也销魂

　　柳海风一听要建立傅里叶变换的性质体系，就想着要缓解一下前面被傅里叶羞辱的尴尬，修复一下与傅里叶的关系，毕竟以后还要得靠着人家吃饭，于是不请自来，也不等别人招呼，朗声说道：

　　"傅里叶变换，本质上是一种数学运算，至于性质嘛，从数学上看就是信号的傅里叶变换和其他时域运算，比如加、乘、时移、尺度变换、卷积、微积分等之间的关系，就是从一般意义上给出信号先做时域运算再取傅里叶变换的结果。例如，两个信号 $f_1(t)$、$f_2(t)$ 的傅里叶变换分别是 $F_1(\omega)$、$F_2(\omega)$，利用傅里叶变换的定义很容易证明，线性组合 $a_1 f_1(t) + a_2 f_2(t)$ 的傅里叶变换是 $a_1 F_1(\omega) + a_2 F_2(\omega)$，正好也是两个信号傅里叶变换的线性组合，这称为傅里叶变换与线性运算可交换，也就是傅里叶变换具有线性，这个性质可以推广到有限多个信号线性组合的情况。再比如，若 $f(t)$ 的傅里叶变换是 $F(\omega)$，则也可以利用傅里叶变换的定义证明 $f(at)$ 的傅里叶变换是 $\dfrac{1}{|a|} F\left(\dfrac{\omega}{a}\right)$，$a$ 为非零实常数。这个性质就是尺度变换特性。"

　　傅里叶皱了皱眉头，抢着说道："研究变换性质的目的，除了将来使用性质和基本信号的傅氏变换计算其他信号的傅氏变换外，更主要的是为后继课程提供知识基础、为工程应用提供理论依据和技术指导。傅里叶变换性质的数学证明都很简单，利用定义的表达式和时域运算的表达式之间的运算关系稍加推导即可，这不是我们的重点。我们的重点在于让学生知道性质是什么，牢牢地记住它，并理解其可能的应用场景，为学生进入专业领域和后继课程学习奠定初步的思想基础……"

甄德行一听说要让学生知道并记住变换性质，心想我是名师呀！这不正是我最擅长的事吗！忙插话说："我把傅里叶变换的性质梳理了一下，整理了一个便于记忆的顺口溜，请你们欣赏一下吧！"

也不等别人答话，甄德行拿出了他的得意之作：

"首先，是傅里叶变换对

$$F(\omega) = \int_{-\infty}^{\infty} f(t) \mathrm{e}^{-\mathrm{j}\omega t} \, \mathrm{d}t$$

$$f(t) = \frac{1}{2\pi} \int_{-\infty}^{\infty} F(\omega) \mathrm{e}^{\mathrm{j}\omega t} \, \mathrm{d}\omega$$

对这对变换式子，比较容易记错的是虚指函数中的负号和 2π 的位置，我把它总结为：

正变换　频域到　加权指数是负号

反变换　取正号　两倍派衣分母要

再比如，

时移特性：若 $f(t) \leftrightarrow F(\omega)$，则 $f(t \pm t_0) \leftrightarrow F(\omega)\mathrm{e}^{\pm \mathrm{j}\omega t_0}$

频移特性：若 $f(t) \leftrightarrow F(\omega)$，则 $f(t)\mathrm{e}^{\pm \mathrm{j}\omega_0 t} \leftrightarrow F(\omega \mp \omega_0)$

这两个性质中正负号的位置也是容易混淆的地方。我把它总结成：

时移位　频移相　两边符号一个样

时乘复指频移位　符号却是相反滴

还有其他的性质，列成下表。

性　　质	快　速　记　忆	释　　义
$a_1 f_1(t) + a_2 f_2(t) \leftrightarrow a_1 F_1(\omega) + a_2 F_2(\omega)$ $f_1(t) * f_2(t) \leftrightarrow F_1(\omega)F_2(\omega)$ $f_1(t) \times f_2(t) \leftrightarrow \frac{1}{2\pi}[F_1(\omega) * F_2(\omega)]$	线性保　乘卷交 频卷二派不能少	时域卷积对应频域乘积；时域乘积对应频域卷积，差了个 2π
$f(-t) \leftrightarrow F(-\omega)$ $f(at) \leftrightarrow \frac{1}{\|a\|} F\left(\frac{\omega}{a}\right)$	宗量可以同变号 尺度变换双颠倒	这两个性质可以合并成一个 双颠倒指分母上的因子 a

（续）

性　　　质	快　速　记　忆	释　　义
$f(t \pm t_0) \leftrightarrow F(\omega)e^{\pm j\omega t_0}$ $f(t)e^{\pm j\omega_0 t} \leftrightarrow F(\omega \mp \omega_0)$	时移位　频移相　两边符号一个样 时乘复指频移位　符号却是相反滴	这两个性质最容易混淆的是正负号
$F(t) \leftrightarrow 2\pi f(-\omega)$ $\int_{-\infty}^{\infty} f(t)f^*(t)\mathrm{d}t = 2\pi \int_{-\infty}^{\infty} F(\omega)F^*(\omega)\mathrm{d}\omega$	交换宗量频变号　还有二派跟着闹 能量守恒很重要　二派跟着频率跑	这里 F 表示 f 的傅里叶变换
$f'(t) \leftrightarrow j\omega F(\omega)$ $t \times f(t) \leftrightarrow j\dfrac{\mathrm{d}F(\omega)}{\mathrm{d}\omega}$	时微分　乘宗量　虚数频率一起上 频微分　时不虚　t 处乘上倒结衣	常数 j 可以移到左边
$\int_{-\infty}^{t} f(\tau)\mathrm{d}\tau \leftrightarrow \dfrac{F(j\omega)}{j\omega} + \pi F(0)\delta(\omega)$ $\int_{-\infty}^{\omega} F(jx)\mathrm{d}x \leftrightarrow \left[\dfrac{f(t)}{t} + \pi f(0)\delta(t)\right]j$	时域积分除宗量　冲激尾巴要带上 派衣直流乘起来　频域积分类似想 全部结果再乘杰（"杰"即"j"） 从此性质不会忘	

加个头尾，就是：

傅氏变换真是好　信息通信离不了

变换性质十多条　时域频域对应好

线性保　乘卷交　频卷二派不能少

宗量可以同变号　尺度变换双颠倒

时移位　频移相　两边符号一个样

时乘复指频移位　符号却是相反滴

交换宗量频变号　还有二派跟着闹

能量守恒很重要　二派跟着频率跑

时微分　乘宗量　虚数频率一起上

频微分　时不虚　t 处乘上倒结衣

时积分　除宗量　冲激尾巴要带上

派衣直流乘起来　频域积分类似想

全部结果再乘杰　从此性质不会忘

逐条对照教材上的性质表，学生看一遍就能记住啦！呵呵。"

新珠一看："哟！虽说不合平仄，倒也还算押韵，甄老师你这还可以谱个曲子唱起来呢！"

甄德行得意地说："那当然。京剧评剧黄梅戏，评书快板莲花落，喜欢啥就可以按着啥调调唱。"

新珠知道甄德行是新疆人，笑着问："新疆民歌行吗？"

甄德行没有答话，张嘴就按着新疆民歌"掀起你的盖头来"唱了起来："傅氏变换真是好……"

新珠一听："哇，好难听。"忙捂起耳朵，格格娇笑，像一阵风似的跑走了。

傅里叶哈哈大笑，说："这个好，唱两遍就记住了，学生考试再也不愁了。除了记住性质，还要能很熟练地利用性质计算其他信号的傅里叶变换……"

甄德行忙说："傅老您放心，我们上'信号与系统'课的都知道，这是我们这门课的难点也是重点，我们都会加强训练的……"

小师妹金枝玉叶猛然想起她的那个主意，急切地喊道："师父师父，现在傅里叶变换的性质已经建立起来了，可以把系统也拉到频域里来了吧？"

傅里叶点点头，问甄德行："时域里系统都是怎么表示的？"甄德行想了一下说："在我们这门课的时域分析部分，除了框图和一些抽象符号外，系统有四种表示方法：电路图、微分方程、冲激响应和算子式，其中算子式可以看成是由微分方程推导出来的。"

傅里叶说："哦。那就考虑把电路图、微分方程、冲激响应变换到频域吧！"

新珠不知什么时候又来了，一看说到电路了，也赶忙插话：

"在频域中分析电路图，我觉得需要首先研究电路元件的频域模型。

对下图中的时域电容元件，电容两端的电压为 $v_c(t)$，通过它的电流为 $i_c(t)$，参考方向如图中所标。

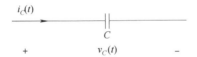

根据电容元件的伏安特性，有

$$i_C(t) = C\frac{\mathrm{d}v_C(t)}{\mathrm{d}t}$$

等式两边取傅里叶变换，结合傅里叶变换的时域微分特性得到：

$$I_C(\mathrm{j}\omega) = \mathrm{j}\omega C V_C(\mathrm{j}\omega) \qquad V_C(\mathrm{j}\omega) = \frac{1}{\mathrm{j}\omega C}I_C(\mathrm{j}\omega)\,"$$

金枝玉叶幸福地喊道："哇，好奇妙！这个动态元件被用代数方程表示出来啦！那运算起来岂不是简单了许多！"

新珠得意地说："是的，这有点类似于中学物理的欧姆定律，因此被称为广义欧姆定律。根据它可以获得电容元件阻抗形式的频域等效模型，如下图所示，不过由于傅里叶变换的时域微分特性中没有包含初始状态，所以该模型是电容的零状态模型，此时电容等效为一个容抗为 $\frac{1}{\mathrm{j}\omega C}$ 的元件。等将来学习了拉普拉斯变换，在复频域中，就可以把初始状态也包括进来。"

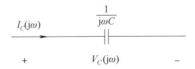

金枝玉叶问："同为动态元件，电感是不是也有这么方便的表达呢？"

新珠说："当然。设电感元件两端的电压为 $v_L(t)$，通过它的电流为 $i_L(t)$，参考方向如下图所标。

根据电感元件的伏安特性 $v_L(t) = L\frac{\mathrm{d}i_L(t)}{\mathrm{d}t}$，对等式两边同时进行傅里叶变换，结合傅里叶变换的时域微分特性，可得

$$V_L(\omega) = \mathrm{j}\omega L I_L(\omega) \qquad\qquad I_L(\omega) = \frac{1}{\mathrm{j}\omega L}V_L(\omega)$$

这也可以看作广义欧姆定律，其中 $\mathrm{j}\omega L$ 为阻抗。电感元件在零状态条件下阻抗形式的频域模型如下图。同样，由于傅里叶变换的时域微分特性中没有包含初始状态，所以该模型是电感的零状态模型。"

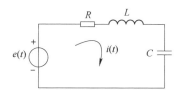

金枝玉叶说："我明白啦！不用说，电阻元件的频域模型可以在它的时域伏安特性 $v_R(t) = i_R(t)R$ 两端取傅里叶变换，得

$$V_R(\mathrm{j}\omega) = I_R(\mathrm{j}\omega)R$$

它的时域表示和频域模型如下图。

是不是这样啊？"

新珠赞许地点点头，说道："根据电路系统的结构和元件的频域模型，可以建立电路系统的频域方程。例如：将下图（$R=2\Omega$，$L=0.1\mathrm{H}$，$C=0.1\mathrm{F}$）中的电容用值为 $\dfrac{1}{\mathrm{j}\omega C}$ 的阻抗来代替，电感用值为 $\mathrm{j}\omega L$ 的阻抗来替代，其他各电压和电流用其相应的频谱函数来替代，再将给定的数值代入，则

$$\frac{1}{\mathrm{j}\omega C} = \frac{1}{\mathrm{j}\omega \times 10^{-1}} = \frac{10}{\mathrm{j}\omega} \qquad\qquad \mathrm{j}\omega L = \mathrm{j}\omega \times 0.1 = 0.1\mathrm{j}\omega$$

就可以得到电路的频域模型

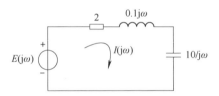

运用广义欧姆定律，容易得到系统的频域模型

$$E(j\omega) = (2 + 0.1j\omega + 10 / j\omega)I(j\omega)$$

不过由于系统的频域模型不考虑系统的初始储能，所以，它仅能用来求系统的零状态响应。"

金枝玉叶再一次兴奋起来了："看啊看啊，在频域中，这个系统的输出居然是输入和一个与输入无关的函数的乘积哎！"

傅里叶也掩饰不住内心的小激动，急忙附和着说："就是就是！令 $H(j\omega) = 1 / (2 + 0.1j\omega + 10 / j\omega)$，这个 $H(j\omega)$ 就只与系统有关，与输入输出无关，可将它称为系统函数，并且有 $I(j\omega) = H(j\omega)E(j\omega)$，这样就把输出写成了激励与系统函数乘积的形式。"

金枝玉叶问道："要是系统由微分方程或者冲激响应给出，也有这种好事吗？"

傅里叶接过话来："要是系统由微分方程或者冲激响应给出，那转换到频域中就更简单了，只需要直接对方程或者冲激响应求傅里叶变换就可以了。n 阶线性时不变系统的微分方程的一般表示为

$$\frac{d^n y(t)}{dt^n} + a_{n-1}\frac{d^{n-1} y(t)}{dt^{n-1}} + \cdots + a_1\frac{dy(t)}{dt} + a_0 y(t)$$

$$= b_m\frac{d^m f(t)}{dt^m} + b_{m-1}\frac{d^{m-1} f(t)}{dt^{m-1}} + \cdots + b_1\frac{df(t)}{dt} + b_0 f(t)$$

对上式两边取傅里叶变换

$$[(j\omega)^n + a_{n-1}(j\omega)^{n-1} + \cdots + a_1(j\omega) + a_0]Y(j\omega)$$

$$= [b_m(j\omega)^m + b_{m-1}(j\omega)^{m-1} + \cdots + b_1(j\omega) + b_0]F(j\omega)$$

引入 $H(j\omega) = \dfrac{Y(j\omega)}{F(j\omega)} = \dfrac{b_m(j\omega)^m + b_{m-1}(j\omega)^{m-1} + \cdots + b_1(j\omega) + b_0}{(j\omega)^n + a_{n-1}(j\omega)^{n-1} + \cdots + a_1(j\omega) + a_0}$

也得到了这个系统函数。

如果给出了系统的单位冲激响应 $h(t)$，那就直接对它取傅里叶变换，得到 $H(j\omega)$，它是系统在频域中的表达，也就是系统函数。"

金枝玉叶故作天真地问道："师父，这三种方法得到的系统函数是不是一样的呢？"

傅里叶答道："当然。它们只是取得的途径不同，结果是完全相同的，没有任何区别。"

金枝玉叶崇拜地望着师父："师父，您看，咱们定义了傅里叶变换，建立了它的性质，把时域中的信号和系统都搬到了频域，构建了频域中完整的信号与系统体系，这样做的好处是什么呢？"

傅里叶哈哈大笑："傻孩子，好处当然是大大的了，我们将改写人类历史，我的名字从此开始将会进入大学教材，我将永远被世人铭记。呵呵！"

金枝玉叶羞怯怯地问："那我呢？我也会被世人铭记吗？"

望着这个可爱的女弟子，傅里叶笑了："会的。你的名字将会变成一个中文成语，被更多的人铭记。"

师徒俩正在说笑，甄德行忍不住发问："傅老，到了我们那个时代，人们将不再介意理论的严谨性和完整性，而更关注其实用性，就连课堂教学，都要求贴近应用了，您看您的这一理论体系，它的应用又在哪里呢？"

欲知后事如何，请看十四回：傅氏变换成大用　信息通信基础定。

第十四回
傅氏变换成大用　信息通信基础定

接上回，听了甄德行的话，傅里叶收敛了笑容："以应用为指向，以需求为牵引，虽然有一点急功近利，有一点短视，但因其在短时间内提高了效率，却也会在一定时期内有较大的市场，因此你们还真不能不把它当回事。

不过对傅里叶变换来说，由于它毕竟是一种基础理论，因而它的应用首先是在意识层面。以这个尺度变换特性 $f(at) \leftrightarrow \dfrac{1}{|a|} F\left(\dfrac{\omega}{a}\right)$ 为例，它说明：信号在时域中的压缩，对应频域中的频谱扩展；反之，信号在时域中的扩展，对应频域中的频谱压缩。它对工程实践的指导意义是：想要缩短信号的传输时间，就必须要增加信道带宽，而如果信道带宽不够，则信号的传输时间就必须增加，这就可以让学生理解，第一，打游戏的时候卡，是因为他家带宽不够；第二，频谱资源是宝贵的战略资源，某个频段你占了，别人就不能用。

傅里叶变换第二个方面的应用是在认知和原理层面，要产生实际效益，还需要相关课程的学习以及其他技术的配合。"

"您说的认知和原理层是啥意思？"甄德行不解地问。

傅里叶微笑着说："给你举个例子。比如，对线性时不变系统，你们在时域中采用冲激响应 $h(t)$ 作为系统特征的表示方法，系统对激励信号 $e(t)$ 的零状态响应为 $r_{zs}(t) = h(t) * e(t)$，这个关系看起来不够直观。但是，两边取傅里叶变换，就得到：$R_{zs}(j\omega) = H(j\omega) \cdot E(j\omega)$，卷积变成乘积，这个关系就很容易看明白了：频域里看，线性时不变系统对激励的零状态响应，就是系统函数和激励的乘积。"

柳海风一看，赶紧兴奋地捅了捅摆尾，得意地说："看看，我说的吧，求零状态响应还真的可以用乘法吧！"

傅里叶白了一眼柳海风，严肃地说："这个式子的意义不仅在于将卷积变成了乘积，简化了卷积的运算，更主要的是它的物理意义。把这个式子写成模和辐角的形式：$R_{zs}(j\omega) = |H(j\omega)| \cdot |E(j\omega)| \cdot e^{j(\omega+\varphi)t}$，现在你明白了吗？从频域中看，线性时不变系统对信号的作用是对一个一个的频率成分做幅度加权和相位修正。这就厉害了！"

甄德行露出赞许的表情，鼓励傅里叶继续说下去。

傅里叶清了清喉咙，继续说道："厉害在哪里呢？我们已经把信号用频谱表示出来了，也就是说，在频域中，信号都是按照频率排列的，且各个频率分量互不影响。这样，我们就可以通过 $H(j\omega)$ 的形式来分析系统对信号的影响。比如，如果 $H(j\omega)$ 的模 $|H(j\omega)|$ 是一个与频率 ω 无关的常数，那系统对每一个频率分量的作用就是放大或缩小相同的比例，此时如果 $H(j\omega)$ 的相位 $\varphi(\omega)$ 还是 ω 的线性函数 $\varphi(\omega) = -\omega t_0$，则所有的频率分量都是相同的时延 t_0，这时信号通过系统之后只是幅度和位置发生变化，波形不会改变，称为无失真。

失真这个事非常重要。通信时，我们希望信号不要失真，而在信号处理时，我们希望信号能按我们期待的方式失真。"

落叶知秋迟疑地说："信号不失真，这个幅度是常数好理解，可这相位要是频率的线性函数不太好懂，为什么不需要相位是常数？"

甄德行马上接过话来："这个问题我来解释吧。信号通过系统之后不失真，当然要求各分量有相同的时延。以两个分量为例：

$$\cos(\omega_1 t + \varphi_1), \ \cos(\omega_2 t + \varphi_2)$$

同时时延 t_0 后，得

$$\cos(\omega_1 t - \omega_1 t_0 + \varphi_1), \ \cos(\omega_2 t - \omega_2 t_0 + \varphi_2)$$

相位的改变是不同频率的相同倍数。由此你可以理解，只有在线性相位条件下，不同的频率分量才有相同的时延，信号才能不失真。"

落叶知秋高兴地说："明白啦！明白啦！信号通过系统不失真，其实是要求各个分量放大或缩小相同的比例以及有相同的延时，对系统函数来说，就是模为常数，相位为频率的线性函数。"

甄德行笑了说："是的。通信领域，对于传输系统的相移特性就有一种描述方法是以'群时延'（或称'群延时'）来表示的。群时延的定义为

$$\tau = -\frac{\mathrm{d}\varphi(\omega)}{\mathrm{d}\omega}$$

群时延为常数时，系统无失真。对于实际的传输系统，$\frac{\mathrm{d}\varphi(\omega)}{\mathrm{d}\omega}$ 为负值，因而 τ 为正值。也就是说，实际的系统只能对输入的信号产生延迟，而不能让输入的信号在时间上超前。

"在传输频带宽度有限的信号时，上述的理想条件可以放宽，只要在信号占有频带范围内，系统满足不失真传输条件就可以了。"

看看没有人想说话了，傅里叶继续说："除了根据系统函数来分析系统外，还可以通过设计不同 $H(\mathrm{j}\omega)$ 来满足我们对不同频率成分的特殊需求。比如，我们只想要频率在 $(\omega_0 - \omega_c, \omega_0 + \omega_c)$ 之间的部分分量，那就可以让

$$H(\mathrm{j}\omega) = \begin{cases} 1 & \omega_0 - \omega_c < \omega < \omega_0 + \omega_c \\ 0 & \text{其他} \end{cases}$$

这称为理想滤波器，将信号与之相乘，相当于通过了一个过滤器，就只有频率在 $(\omega_0 - \omega_c, \omega_0 + \omega_c)$ 之内的部分分量被保留，而其余的就被过滤掉了。"

金枝玉叶夸张地说："哇！好神奇！"

甄德行看着傅里叶，疑惑地问："您说的这个理想滤波器，它在频域中的样子很简单，在时域中又是啥样呢？"

傅里叶一下子笑了："你好敏感。对理想滤波器的系统函数取傅里叶反变换，

$$h(t) = \frac{1}{2\pi}\int_{-\infty}^{\infty} H(\mathrm{j}\omega)\mathrm{e}^{\mathrm{j}\omega t}\mathrm{d}\omega = \frac{\omega_c}{\pi}\cdot\mathrm{Sa}(\omega_c t)$$

也就是说，理想滤波器的冲激响应是抽样信号。"

甄德行说："抽样信号，两端都趋于无穷……"

傅里叶调皮地一笑："你看出来了。理想滤波器的冲激响应是非因果信

号，也就是说，理想滤波器对冲激信号的响应早在冲激被加入系统时就已经产生了，这在现实世界中是不可能的，实际的物理器件都没有这个功能，这就是为什么称为理想滤波器的原因。理想滤波器是物理上不可实现的。"

看到金枝玉叶惊愕的表情，傅里叶笑着说："不过也没关系，我们可以用实际的物理器件做出一个性能上充分接近理想滤波器的系统，来满足工程上的实际需要。实际上，工程上的东西是可以有一点误差的，只要这种误差不影响实际应用即可。这就是科学和工程的区别，科学来不得半点马虎，而工程上只要误差可控就可以了。"

金枝玉叶点点头，又问："那有了滤波器，我们又能做什么呢？"

傅里叶呵呵一笑："那用处就大了！通信的过程中往往会受到噪声的干扰，比如我们要传递的信号是 $f(t)$，噪声是 $s(t)$，那么接收端收到的信号就是 $f(t)+s(t)$，它虽然写成两部分和的形式，但在时域中实际上是分不开的，利用傅里叶变换的线性，变换到频域后，其频谱为 $F(\mathrm{j}\omega)+S(\mathrm{j}\omega)$，而经验表明，噪声的频率要比信号的频率高很多，这样在频域中噪声和信号就可以分开了，我们就可以用一个低通滤波器，滤掉噪声。

从通信的角度讲，我们还可以把不同的信息放到不同的频段上，用一路信号传输多种信息，然后在接收端，通过设计不同的 $H(\mathrm{j}\omega)$ 来保留需要的频段信息，滤除其余频率的信息……"

傅里叶话音刚落，就听有人阴阳怪气地说："说得倒轻巧，把不同的信息放到不同的频段上怎么放啊？"原来是柳海风心有不甘。

傅里叶不满地望了望说话人的方向："在傅里叶变换的性质里有这样一条：若

$$f(t) \leftrightarrow F(\mathrm{j}\omega)$$

则

$$f(t)\mathrm{e}^{\pm \mathrm{j}\omega_0 t} \leftrightarrow F[\mathrm{j}(\omega \mp \omega_0)]$$

上式说明，若信号 $f(t)$ 乘以 $\mathrm{e}^{\pm \mathrm{j}\omega_0 t}$，则整个频谱相应地搬移了 ω_0。举例来说，要求 $f(t)\cos\omega_c t$ 和 $f(t)\sin\omega_c t$ 的频谱，则

$$F[f(t)\cos(\omega_c t)] = F[f(t)\frac{e^{j\omega_c t} + e^{-j\omega_c t}}{2}]$$

$$= \frac{1}{2}F[f(t)e^{j\omega_c t} + f(t)e^{-j\omega_c t}]$$

$$= \frac{1}{2}[F(j\omega - j\omega_c) + F(j\omega + j\omega_c)]$$

即

$$f(t)\cos(\omega_c t) \leftrightarrow \frac{1}{2}[F(j\omega - j\omega_c) + F(j\omega + j\omega_c)]$$

同理

$$f(t)\sin(\omega_c t) \leftrightarrow \frac{1}{2j}[F(j\omega - j\omega_c) - F(j\omega + j\omega_c)]$$

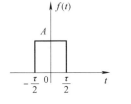
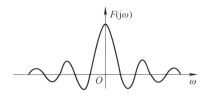

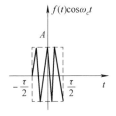
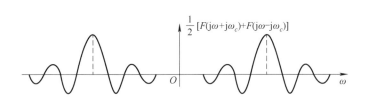

此性质说明，信号在时域中乘以 $e^{j\omega_c t}$，等效于在频域中将频谱搬移 ω_c。在无线通信中，人们就是通过这种方式把低频信号调制到高频段，一来方便信号发射，二来可以在同一空间中同时传输不同的信号。咱们的收音机，通过简单地转一下旋钮就可以收听不同电台的节目，就是这个道理。"

"那搬走了还能搬回来吗？"柳海风还不死心。

傅里叶瞄了他一眼："接收端收到频谱搬移之后的信号 $f(t)\cos(\omega_c t)$ 之

后，只要再乘 $\cos(\omega_c t)$，然后再通过一个低通滤波器就可以了。我画个图给你看吧！

待传输信号的频谱

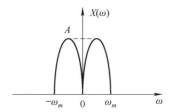

频谱搬移之后得到的高频信号的频谱

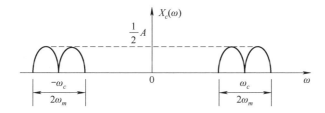

接收端再乘 $\cos(\omega_c t)$，频谱再次搬移，需要注意的是，上面图中是两部分整体向左、向右搬移，结果如下图所示，不相信的话可以在时域推导一下。

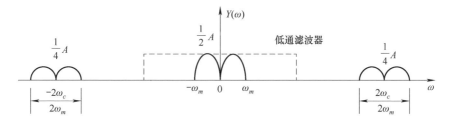

然后通过一个合适的低通滤波器就可以恢复原信号了。"

柳海风惊奇得睁大了眼睛。这些公式对他毫无难度，但公式反映的物理原理却让他眼界大开。

傅里叶做了个深呼吸，说："当然了，我们这里说的仅仅是原理，要把原理变成现实，能在实际中使用，还有很多的工作要做。简单来说，发送端、接收端都乘了 $\cos(\omega_c t)$，它是时间的变量啊！怎样让两端的 $\cos(\omega_c t)$ 完全相同，这也是很困难的事，学通信的人后面还要学很多课程，才能把这里的原理变成现实呢！"

"不，傅老！"傅里叶转头一看，原来是奈奎斯特。心想这人这么狂，居然敢否定我。于是拉下脸来，定定地看着奈奎斯特。

奈奎斯特不看傅里叶，径自说道："您的理论，也可以直接应用在实践中。比如，在使用数字系统传输模拟信号的时候，需要从连续的模拟信号中抽取若干个离散点来传输，这就是抽样。这里面就有抽取多少的问题，从保留信息的角度肯定是越多越好，但抽样点多了就会增加数据处理的负担，影响效率，抽样少了又会丢失信息，到底抽多少合适呢？这个问题在时域中是无法解决的，可变换到频域后，问题就迎刃而解了。"

傅里叶一看，原来是拍马屁的，长长舒了一口气，欣慰地问道："那你是怎样做到的呢？"

奈奎斯特受到鼓舞，开口说道："我的思路是从实际的抽样过程出发，建立其时域数学模型，然后再转换到频域，在频域中找到问题答案，然后再回到时域，解决实际问题。

首先，时域中的实际抽样过程可以表示成下图的形式。

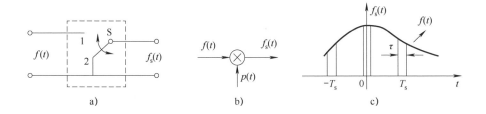

图中，开关 S 以 T_s 为周期交替接触点 1 和触点 2。当开关 S 接触点 1 时，$f_s(t) = f(t)$，当开关 S 接触点 2 时，$f_s(t) = 0$，所得抽样波形如图 c 所示。其中，T_s 为抽样周期，$f_s = 1/T_s$ 称为抽样频率，$\omega_s = 2\pi f_s = 2\pi / T_s$ 为抽样角频率，τ 为开关 S 和触点 1 的接触时间，即采样持续时间。

假设 $p(t)$ 是开关函数，$p(t)$ 为 1 对应于开关接触点 1，$p(t)$ 为零对应于开关接触点 2，则抽样过程的数学模型为

$$f_s(t) = f(t)p(t)$$

自然抽样是指抽样序列 $p(t)$ 为周期矩形脉冲序列，如上图 c 所示，理想抽样指 $p(t)$ 为单位冲激序列，即 $p(t) = \delta_{T_s}(t) = \sum_{n=-\infty}^{\infty} \delta(t - nT_s)$，如下图。

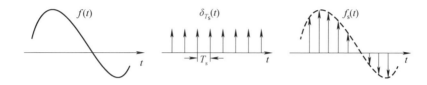

理想抽样时，抽样信号可表示为

$$f_s(t) = f(t)p(t) = f(t) \sum_{n=-\infty}^{\infty} \delta(t - nT_s) = \sum_{n=-\infty}^{\infty} f(t)\delta(t - nT_s)$$

$$= \sum_{n=-\infty}^{\infty} f(nT_s)\delta(t - nT_s)$$

经过抽样，连续信号 $f(t)$ 变为离散信号 $f_s(t)$，下面给出信号 $f_s(t)$ 的频谱函数 $F_s(\omega)$，以及它与原信号频谱 $F(\omega)$ 的关系。

由于周期冲激序列的频谱为

$$F_\delta(\omega) = \omega_s \sum_{n=-\infty}^{\infty} \delta(\omega - n\omega_s)$$

根据频域卷积定理，抽样信号 $f_s(t)$ 的频谱为

$$F_s(\omega) = \frac{1}{2\pi} F(\omega) * F_\delta(\omega)$$

$$= \frac{1}{2\pi} F(\omega) * \omega_s \sum_{n=-\infty}^{\infty} \delta(\omega - n\omega_s)$$

$$= \frac{1}{T_s} \sum_{n=-\infty}^{\infty} F(\omega - n\omega_s)$$

这说明，时域抽样信号的频谱 $F_s(\omega)$，是原信号频谱 $F(\omega)$ 乘以 $\frac{1}{T_s}$ 后以 ω_s 为间隔的周期重复，如下图所示。其中，图 a 表示原信号及其频谱，图 b 表示抽样函数及其频谱，图 c 表示抽样信号及其频谱。

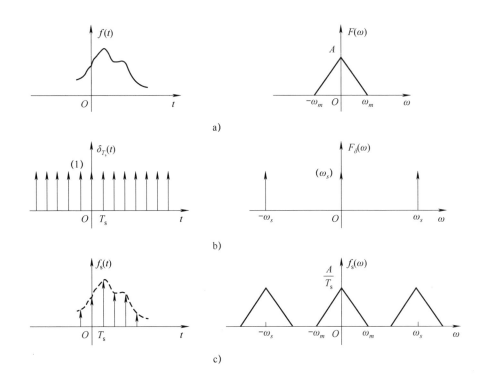

a)

b)

c)

由此可以推出时域抽样定理。

若原信号是带宽有限信号，即 $F(\omega)$ 满足当 $|\omega| > \omega_m$ 时 $F(\omega) = 0$，如下图，改变抽样频率 ω_s，可以发现，对于较小的抽样频率（较大的抽样间隔），$F_s(\omega)$ 的基带频谱与谐波频谱相互混叠。

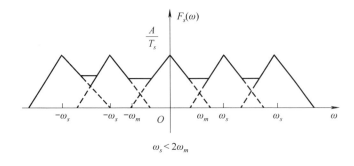

$$\omega_s < 2\omega_m$$

而当 $\omega_s \geqslant 2\omega_m$ 时，基带频谱与各次谐波频谱不重叠，如下图所示。

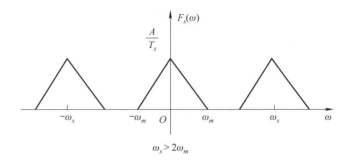

此时，若令

$$H(\omega) = \begin{cases} T_s & |\omega| < \omega_c \\ 0 & \text{其他} \end{cases}$$

其中 $\omega_m \leqslant \omega_c \leqslant \omega_s - \omega_m$，则显然有

$$F_s(\omega) \cdot H(\omega) = F(\omega)$$

信号在频域中得到完全恢复，从而也在时域中得到恢复。

　　总结起来，就是时域抽样定理：若一个频谱受限信号 $f(t)$ 的最高频率为 $f_m = \dfrac{\omega_m}{2\pi}$，则 $f(t)$ 可以用不大于 $T_s = 1/(2f_m)$ 的时间间隔的抽样值唯一地确定。

　　抽样定理表明，抽样信号能够保留原信号全部信息的条件是抽样间隔充分小或抽样频率充分高，即

$$T_S = \frac{1}{f_s} \leqslant \frac{1}{2f_m}$$

或

$$\omega_s \geqslant 2\omega_m$$

　　后人给我面子，把 $f_s = 2f_m$ 称为奈奎斯特频率；$T_s = \dfrac{\pi}{\omega_m} = \dfrac{1}{2f_m}$ 称为奈奎斯特间隔。另外，这里给出的是时域抽样定理，后人沿着我的思路，还给出了个频域抽样定理。"

　　傅里叶看了奈奎斯特的推导说："你这不仍然是公式嘛！哪里来的应用呀？"

　　奈奎斯特说："真的有用，傅老。人类语音信号的最高频率是 3.4kHz，它的奈奎斯特频率是 6.8kHz，工程上留一点余量，所以国际上对语音信号的抽样频率通常采用 8kHz，您知道吗？Microsoft 公司开发的操作系统 Windows 将会是全球应用最广泛的计算机操作系统，它就采用了一种声音文件格式（*.wav,

可以在 Windows 的'录音机'中采集、播放），它使用三个参数来表示声音，它们是：位数、采样频率和声道数。位数一般有 8 位和 16 位两种，分别使用 8 位和 16 位二进制数表示一个量化级，而采样频率一般有 8kHz、11025Hz（11kHz）、22050Hz（22kHz）、44100Hz（44.1kHz）四种。采样频率为 8kHz 时，可以保证人的声音不失真，而 44.1kHz 的采样率适合高保真立体声音乐（CD 音乐）。通常这样的文件数据量都很大，一分钟 CD 音质的音乐，未经压缩需要 10MB 多存储空间，所以需要压缩，当前应用最广泛的压缩格式是 mp3，其压缩率可达 10：1～12：1，同时其音质基本保持不变。所以大家可以看到，一首 4 分钟左右的 mp3 格式的歌曲大约有 4MB 多。"

对计算机稍微熟悉的人都纷纷点头，只有柳海风，还在继续追问："就算你的采样频率够高，那也毕竟只是部分样本点。怎样才能由采样信号恢复原信号呢？"

奈奎斯特望着这块"木头"，耐着性子解释："是这样，假设 $F_s(\omega)$ 是由满足抽样定理的抽样过程得到的抽样信号的频谱，通过理想低通滤波器

$$H(\omega) = \begin{cases} T & |\omega| < \omega_c \\ 0 & |\omega| > \omega_c \end{cases}$$

$$\omega_m \leqslant \omega_c \leqslant \omega_s - \omega_m$$

得到 $\qquad F(\omega) = F_s(\omega)H(\omega)$

就是原信号的频谱。

理想抽样情况下，因为

$$f_s(t) = \sum_{n=-\infty}^{\infty} f(nT_s)\delta(t - nT_s)$$

$H(\omega)$ 相应的时域信号为

$$h(t) = F^{-1}[H(\omega)] = \frac{\omega_c}{\pi}\mathrm{Sa}(\omega_c t)$$

由卷积定理推得

$$f(t) = f_s(t) * h(t) = \left[\sum_{n=-\infty}^{\infty} f(nT_s)\delta(t - nT_s)\right] * \frac{\omega_c}{\pi}\mathrm{Sa}(\omega_c t)$$

$$= \sum_{n=-\infty}^{\infty} \frac{\omega_c}{\pi} f(nT_s) \mathrm{Sa} \left[\omega_c(t - nT_s) \right]$$

上式说明：$f(t)$ 可由无穷多个加权系数为 $f(nT_s)$ 的抽样函数之和恢复。在抽样点 nT_s 上，$f(t) \bigg|_{t = nT_s} = f(nT_s)$；抽样点之间，$f(t)$ 由各加权抽样函数叠加而成。"

众人受奈奎斯特说启发，纷纷结合自己的经验，畅谈傅里叶变换带来的好处，和对未来美好生活的向往。

正当傅里叶与众弟子以及粉丝谈笑风生，众人对傅里叶变换大加赞赏的时候，忽听下人来报："拉普拉斯到访！"吓得傅里叶出了一身冷汗。

欲知后事如何，请看第十五回：傅家江山遇挑战　拉普拉斯叩山门。

第十五回
傅家江山遇挑战　拉普拉斯叩山门

　　傅里叶听说拉普拉斯[一]来了，不敢怠慢，急忙出门相迎。他见拉普拉斯站在那里，气哼哼地一言不发，连忙满脸堆笑，深鞠一躬："不知拉叔驾到，有失远迎，望乞恕罪。"

　　原来，傅里叶对拉普拉斯早有耳闻。拉普拉斯是前辈大家，比傅里叶年长19 岁。此时在法国已小有名气。

　　拉普拉斯倒也识趣，冲傅里叶拱了拱手。傅里叶赶忙带着拉普拉斯进入正厅。傅家人一看傅里叶对来人如此恭敬，一个个大气都不敢出了。有认识的小声给身边的人介绍拉普拉斯的来历背景。

　　二人分宾主坐下，下人送上茶来，拉普拉斯象征性地呷了一口便放下茶杯，开口说道："听说你弄了一个傅里叶变换，是怎么回事呀？"

　　傅里叶一听，心中半是欢喜半是紧张。欢喜的是这事拉普拉斯居然知道了，说明影响挺大，挺成功。紧张的是一听口气就知道来者不善。他赶忙谦恭

　　⊖ 皮埃尔-西蒙·拉普拉斯，法国数学家、天文学家，法国科学院院士。是天体力学的主要奠基人、天体演化学的创立者之一，他还是分析概率论的创始人，因此可以说他是应用数学的先驱。1749 年 3 月 23 日生于法国西北部卡尔瓦多斯的博蒙昂诺日，曾任巴黎军事学院数学教授。1795 年任巴黎综合工科学校教授，后又在高等师范学校任教授。1799 年他还担任过法国经度局局长，并在拿破仑政府中任过 6 个星期的内政部长。1816 年被选为法兰西学院院士，1817 年任该院院长。1827 年 3 月 5 日卒于巴黎。拉普拉斯在研究天体问题的过程中，创造和发展了许多数学的方法，以他的名字命名的拉普拉斯变换、拉普拉斯定理和拉普拉斯方程，在科学技术的各个领域有着广泛的应用。
　　（https://baike.baidu.com/item/%E6%8B%89%E6%99%AE%E6%8B%89%E6%96%AF/5189?fr=aladdin）

答道："是这样的，拉叔。我先找了一个二元虚指函数 $e^{-j\omega t}$，这里 t 设为时间，ω 设为频率，然后，对任何一个时域信号 $f(t)$，我用这个 $e^{-j\omega t}$ 去乘它，并关于 t 作积分消去 t，得到 ω 的函数 $F(j\omega)$；对 $F(j\omega)$，我用 $e^{j\omega t}$ 去乘它，再关于 ω 积分消去 ω，再除以 2π，得到时间的函数 $f(t)$。这就是时域信号 $f(t)$ 和它的频域表达式 $F(j\omega)$ 的关系，也就是江湖上朋友们称呼的傅里叶变换。"

拉普拉斯哼了一声，不屑地说："积分变换而已，没有什么了不起。"

傅里叶汗都下来了，忍不住辩解："是的，拉叔，这就是一个简单的积分变换。但是，给 ω 赋予了频率的意义，就是将 ω 与三角函数 $\cos\omega t$ 联系起来了，这样 F 就有了频谱的含义，就能让人清晰地看出信号 $f(t)$ 的频率成分，并针对不同的频率成分进行不同的操作。这个在通信和信号处理领域有重大的应用价值。另一方面，在信号的运算关系中，这种变换还将卷积运算变成了乘积运算，降低了求解系统零状态响应的复杂度。"

拉普拉斯的脸色并没有缓和的意思。他严肃地说道："你这个东西虽说有这么多好处，但也存在着缺陷。"他停顿了一下，端起茶杯一饮而尽。傅里叶赶紧亲自给他续上一杯，说道："请拉叔指教。"

拉普拉斯哼了一声，说道："第一，只有在信号满足绝对可积条件时，才能取傅里叶变换。很多有用的信号并不满足绝对可积条件，比如符号函数和阶跃信号，你们生拉硬扯地弄了个极限法，矛盾百出；第二，积分变换毕竟只是一种手段，时域信号变换到频域之后，虽然处理方便了，但处理之后，仍需要再回到时域，这就需要反变换，看看你们的反变换多难求。除了一些简单的对应关系之外，教信号的老师都不敢出傅氏反变换的题！就怕孩子们做不出来！"

到这时候，傅里叶也明白了，这老东西是来砸场子的。但是碍于情面，仍小心翼翼地问："您老的意思是？"

拉普拉斯这才缓和了一下表情，得意地说："其实我在 30 年前就提出了一种积分变换，叫拉普拉斯变换。你的这个傅里叶变换，不过是拉普拉斯变换的特例。现在没有互联网，消息传播没有那么快，我不算你抄我的。并且，为了方便后人写书写教材，方便学生学习，我就当这是你的原创成果，我在你的成果的基础上做个推广吧!"

傅里叶的心头泛起了一阵酸,忙命下人拖过来一个硕大无比的黑板,送上粉笔。

拉普拉斯难以掩饰自己的得意。他走到黑板前,拿起粉笔,说道:"首先,从实际应用角度考虑,工程上遇到的信号都是因果信号,因此,你那个傅里叶变换的积分下限从 0 开始就可以了。就是可以改写为

$$F(\mathrm{j}\omega)=\int_0^\infty f(t)\mathrm{e}^{-\mathrm{j}\omega t}\mathrm{d}t$$

当然反变换的式子不会改变,仍然是

$$f(t)=\frac{1}{2\pi}\int_{-\infty}^\infty F(\mathrm{j}\omega)\mathrm{e}^{\mathrm{j}\omega t}\mathrm{d}\omega$$

其次,对那些不满足绝对可积的 $f(t)$,大多数是因为当 $t\to+\infty$ 时,它的极限不为 0,这时候我们可以用一个衰减很快的因子 $\mathrm{e}^{-\sigma t}$ 去乘 $f(t)$,只要 σ 的数值选取恰当,就可使 $f(t)\mathrm{e}^{-\sigma t}$ 绝对可积。这样就可以对 $f(t)\mathrm{e}^{-\sigma t}$ 取傅里叶变换。

$f(t)\mathrm{e}^{-\sigma t}$ 的傅氏变换为

$$F[f(t)\mathrm{e}^{-\sigma t}]=\int_0^\infty f(t)\mathrm{e}^{-\sigma t}\mathrm{e}^{-\mathrm{j}\omega t}\mathrm{d}t=\int_0^\infty f(t)\mathrm{e}^{-(\sigma+\mathrm{j}\omega)t}\mathrm{d}t$$

积分结果是 $\sigma+\mathrm{j}\omega$ 的函数,令其为 $F(\sigma+\mathrm{j}\omega)$,并记 $\sigma+\mathrm{j}\omega=s$ 则

$$F(s)=\int_0^\infty f(t)\mathrm{e}^{-st}\mathrm{d}t \;。"$$

傅里叶心想:啥玩意儿啊,把一个纯虚数 $\mathrm{j}\omega$ 换成复数 s,老子的傅里叶变换就成了他的拉普拉斯变换了,还能更无耻点吗?

这时,傅里叶的大弟子叶公好龙忍不住了,"那反变换怎么办呢?"

拉普拉斯瞥了他一眼,"反变换可以通过对 $F(s)$ 求傅里叶反变换来推导嘛!

由于

$$f(t)\mathrm{e}^{-\sigma t}=\frac{1}{2\pi}\int_{-\infty}^\infty F(s)\mathrm{e}^{\mathrm{j}\omega t}\mathrm{d}\omega$$

$$f(t) = \frac{1}{2\pi} e^{\sigma t} \times \int_{-\infty}^{\infty} F(s) e^{j\omega t} d\omega$$

$e^{\sigma t}$ 关于 ω 是常数，故 $f(t) = \frac{1}{2\pi} \int_{-\infty}^{\infty} F(s) e^{(\sigma + j\omega)t} d\omega$

就是：

$$f(t) = \frac{1}{2\pi j} \int_{\sigma - j\infty}^{\sigma + j\infty} F(s) e^{st} ds \ 。"$$

"轰……"

大厅里人们哄堂大笑，学生和来宾们纷纷议论：

"啥玩意呀，太扯了吧！"

"就是，没见过积分上下限长这个样子的，怎么积啊？"

"那个 ds 也不是好理解的，s 是复数呀。"

"不过形式倒挺像咱家的反变换的。除了积分限和常数项多了一个 $1/j$，其他把 s 换成 $j\omega$ 就一样了。"

拉普拉斯冷冷地扫视了一下全场，"你们这帮蠢货太没有文化了。告诉你们吧，这叫复积分。学习过'复变函数'的同学算这个积分一点都不难。"

"我们现在研究生入学考试不考复变函数，所以很多大学都不开复变函数课了。"底下有人小声嘀咕。

拉普拉斯嗯了一声，说："没学过复变函数也没关系。大多数时候，并不需要用定义来求反变换，也不会要你用复变函数的方法求反变换，考试的时候也不考，考研的时候也不考。"

傅里叶心中不悦。他怕底下有人再说出什么无知的话来，连忙说道："拉叔真是大才，不过还有几个问题想向拉叔请教。"

拉普拉斯得意地说："你说吧。"

傅里叶一边给拉普拉斯递上茶杯，一边说道："第一，您把变换的积分下限由 $-\infty$ 变为 0，这样对一个非因果信号就不能求傅里叶变换了，这好像在理论上不完整。"

拉普拉斯说道："这个好办，把 0 为下限的积分称为单边拉氏变换，同一形式下，把以 $-\infty$ 为下限的积分称为双边拉氏变换。一般人不需要管这个双边拉氏变换。如果你一定要关心，可以去看郑君里的教材。第二是什么？"

"第二，我们这门课中，时刻有 0_+、0_- 这两个状态，你这里的 0，以哪一个为准呢？"傅里叶问道。

拉普拉斯想了一会儿说："都可以。一般情况下，如果 f 在 0 处没有冲激，那么两个结果是一样的。否则，就不一样。比如：$\int_{0_-}^{\infty} \delta(t)\,dt = 1$，$\int_{0_+}^{\infty} \delta(t)\,dt = 0$，如果你想把 $t=0$ 时的冲激及其各阶导数的作用考虑在变换中，就采用'0_-系统'，积分从 0_- 起，否则，你就采用'0_+系统'，积分从 0_+ 起。

在信号与系统课程中，采用'0_-系统'，积分从 0_- 起算，这样在分析系统时，就把系统的起始状态包含进来了。相当于在求解系统时，初始条件自动引入，就不需要讨论起始点的跳变了。有第三吗？"

"第三，在我们傅里叶变换中，ω 可以赋以明确的物理含义，就比如频率，每一个 ω 都对应着一个 $\cos\omega t$，$F(j\omega)$ 表示了相应 $\cos\omega t$ 的幅度和位置。请问你这里 s 又是什么呢？"

拉普拉斯的头上微微冒出了汗珠。

"这个 s 吗，我可以赋予它复频率的含义。每一个 s 后面站着一个 $e^{\sigma t}\cos(\omega t)$，$F(s)$ 表示的是相应的 $\cos(\omega t)$ 项的幅度再加权 $e^{\sigma t}$，以及位置信息。"

下面"轰"地笑了起来。

傅里叶摆了摆手，示意下面的人不要吵。他严肃地问："那你这个 σ 是什么？怎样确定它的值呢？"

拉普拉斯定了定神，说道："这个 σ，本来是用来让 $e^{-\sigma t}$ 抵消 $f(t)$ 在 $t \to +\infty$ 时极限不为 0 的因素，让 $f(t)e^{-\sigma t}$ 满足绝对收敛条件。如果 σ 的选择不能使 $f(t)e^{-\sigma t}$ 绝对收敛，那它是没有意义的。所以要选择 σ，使 $f(t)e^{-\sigma t}$ 绝对收敛，在复平面 s 上，把满足 $f(t)e^{-\sigma t}$ 绝对收敛的 $s(\sigma=\mathrm{Res}(s))$ 的取值范围称为拉普拉斯变换的收敛区。

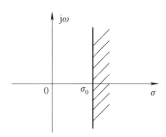

如上图，收敛区 $\mathrm{Re}[s] = \sigma > \sigma_0$；横坐标 σ_0 称为收敛坐标；直线 $\sigma = \sigma_0$ 称为收敛轴或收敛边界。"

"那对具体的函数，能给出收敛区吗？"傅里叶问道。

"如果它有，就能，"拉普拉斯轻松地说，

"比如：求函数 $f(t) = t^n u(t)$ 的拉氏变换的收敛区。因为

$$\lim_{t \to \infty} t^n \mathrm{e}^{-\sigma t} = \lim_{t \to \infty} \frac{t^n}{\mathrm{e}^{\sigma t}} = 0, \quad \sigma > 0$$

所以 $\sigma_0 = 0$，收敛坐标位于坐标原点，收敛轴即虚轴，收敛区为 s 平面的右半部分。

再比如，函数 $f(t) = \mathrm{e}^{t^2}$，因为对任意 σ，

$$\lim_{t \to \infty} \mathrm{e}^{t^2} \mathrm{e}^{-\sigma t} = \lim_{t \to \infty} \frac{\mathrm{e}^{t^2}}{\mathrm{e}^{\sigma t}} = \infty,$$

所以，函数 $f(t) = \mathrm{e}^{t^2}$ 的拉氏变换的收敛区不存在，因而不能对 $f(t) = \mathrm{e}^{t^2}$ 进行拉氏变换。

我再提示你们考虑一下，像 $u(t)$、$\sin \omega t$ 这些有界但不收敛于 0 的因果信号的收敛区都是右半平面，$G_\tau \left(t - \dfrac{\tau}{2} \right)$ 这样的在有限区间上有非零值的信号，收敛区为全平面。你们想想看是不是？"

傅里叶点了点头。

傅家三徒弟枝繁叶茂慢慢移动到拉普拉斯面前，阴恻恻地说："拉公，我想，关于怎样求一个信号的拉氏变换，你可能还是要利用我们家的那种套路吧？"

拉普拉斯脸一寒，生气地说："什么你们家的套路，写书人在本书的楔子

中已经说过了，是亚里士多德的主意。按定义求基本信号的拉氏变换，按性质求其他信号的拉氏变换。

我可以告诉你：如果一个信号本身就是因果可积的，那么，它的拉氏变换就是把傅里叶变换 $F(j\omega)$ 中的 $j\omega$ 换成 s。其他的一些基本信号，可以用定义式来算，我把这些基本信号的傅氏变换和拉氏变换写在一起，对比着看，你们就明白了。

序 号	$f(t)$	$F(j\omega)$	$F(s)$
1	$\delta(t)$	1	1
2	$u(t)$	$\pi\delta(\omega)+\dfrac{1}{j\omega}$	$1/s$
3	$e^{-at}u(t)$	$\dfrac{1}{a+j\omega},\quad a>0$	$\dfrac{1}{s+a}$
4	$\sin\omega_0 t\,u(t)$	$\dfrac{\pi}{2j}[\delta(\omega-\omega_0)-\delta(\omega+\omega_0)]+\dfrac{\omega_0}{\omega_0^2-\omega^2}$	$\dfrac{\omega_0}{s^2+\omega_0^2}$
5	$\cos\omega_0 t\,u(t)$	$\dfrac{\pi}{2}[\delta(\omega-\omega_0)+\delta(\omega+\omega_0)]+\dfrac{j\omega}{\omega_0^2-\omega^2}$	$\dfrac{s}{s^2+\omega_0^2}$
6	$e^{-at}\sin(\omega_0 t)u(t)$	$\dfrac{\omega_0}{(a+j\omega)^2+\omega_0^2}$	$\dfrac{\omega_0}{(s+a)^2+\omega_0^2}$
7	$e^{-at}\cos(\omega_0 t)u(t)$	$\dfrac{a+j\omega}{(a+j\omega)^2+\omega_0^2}$	$\dfrac{s+a}{(s+a)^2+\omega^2}$
8	$te^{-at}u(t)$	$\left(\dfrac{1}{a+j\omega}\right)^2$	$\dfrac{1}{(s+a)^2}$
9	$t^n e^{-at}u(t)$ （n 为正整数）	$\dfrac{n!}{(a+j\omega)^{n+1}}$	$\dfrac{n!}{(s+a)^{n+1}}$

上表中的规律是，如果傅里叶变换中没有冲激项，那就直接把 $j\omega$ 换成 s，如果有冲激项，就直接忽略掉冲激项，再把 $j\omega$ 换成 s，至于怎么来的，自己去看教材吧！"

傅里叶心有不甘，他试探地问道："拉叔，你觉得你的这个变换真的比我的有优势吗？我好像还没发现什么奥秘。"

拉普拉斯火了，"怎么到现在还不服？这样吧，下个月初八，我们各带弟子就在科学会堂比拼一下如何？"

傅里叶心中陡然升腾起一股豪气："好吧，下月初八，决一雌雄！"一场不流血的对决就这样定了下来。

欲知后事如何，请看第十六回：傅拉对阵性质战　各有千秋各自能。

第十六回
傅拉对阵性质战　各有千秋各自能

　　拉普拉斯受不了傅里叶的轻慢，恼怒之下约定初八两家比赛较量，地点就设在帝国理工科学会堂。两家各自通过微信公众号、朋友圈、QQ 空间、微博、人人网、哔哩哔哩、推特、脸书等各大媒介广发通告，都希望能在尽可能多人的面前显摆一下。

　　到了初八这一日，人们从四面八方拥入帝国理工科学会堂。反正不收门票，乐得凑个热闹。信息报客户端、通信技术全媒体、信息处理杂志社、信息处理在线、帝国大学 MOOC 等专业非专业的传播媒体纷纷派出了强大的报道团队。

　　总裁判长是"信号与系统"教学专家甄德行，第一副裁判长是"高等数学"教学专家柳海风，第二副裁判长是"电路分析"教学专家新珠。这新珠别看是位年轻的女教师，这两年在教学改革中快速成长，已经有了很大的名声。欧拉、香农、牛顿被聘为监察组，负责处理争端。

　　傅里叶、拉普拉斯两位大咖当然不能亲自上场。双方商定各派四名弟子对决，采用自由辩论形式，谁把对方"压"倒谁胜。

　　傅家这边出战的是大弟子叶公好龙、二弟子落叶知秋、三弟子枝繁叶茂、四弟子金枝玉叶。拉普拉斯这边出战的是大弟子斯里兰卡、二弟子南斯拉夫、三弟子巴基斯坦和四弟子毛里求斯，还有一个五弟子马尔维纳斯，长得是珠圆玉润，人见人爱，也被带到现场。

　　裁判长看看礼堂人来得差不多了，跟两位副裁判长嘀咕了一下，说道："开始吧！"

　　第一副裁判长柳海风主持会议，第二副裁判长新珠宣布规则，傅家大弟子叶公好龙代表参赛选手表态，牛顿代表监察组讲话，说明比赛第一，友谊第二，为了见输赢不要怕伤和气，然后祝比武大会圆满成功。裁判长代表裁判组表态发言并说明会场纪律。然后，柳海风宣布辩论开始。

　　就是在那个时代，人们也不喜欢听别人讲话，大家早就不耐烦了，柳海风话音刚落，拉家的二弟子南斯拉夫首先开口："我们拉普拉斯有线性，就是拉普拉斯变换与线性组合可交换。

　　若 a_1、a_2 是常数，且 $L[f_1(t)] = F_1(s)$，$L[f_2(t)] = F_2(s)$，则有

$$L[a_1 f_1(t) + a_2 f_2(t)] = a_1 F_1(s) + a_2 f_2(s)$$

比如，求函数 $f(t) = \dfrac{1}{3}(t^2 - e^{-3t})$ 的拉氏变换，这个一眼看上去就是两项的和，自然就能想到去基本信号拉式变换表中分别找每一项的拉式变换，然后利用性质求解。

　　根据 $L[t^2] = \dfrac{2}{s^3}$，$L[e^{-3t}] = \dfrac{1}{s+3}$，所以

$$L[f(t)] = L\left[\frac{1}{3}(t^2 - e^{-3t})\right] = \frac{1}{3}\{L[t^2] - L[e^{-3t}]\}$$

$$= \frac{1}{3}\left(\frac{2}{s^3} - \frac{1}{s+3}\right) = \frac{2s + 6 - s^2}{3s^3(s+3)}$$

　　再比如，求信号 $f(t) = \cos bt$ 的拉普拉斯变换，结合一直强调的欧拉公式，将其变形，

由于 $\cos bt = \dfrac{e^{jbt} + e^{-jbt}}{2}$，利用线性和指数信号的拉氏变换，有

$$L[\cos bt] = \frac{1}{2}\left[\frac{1}{s-jb} + \frac{1}{s+jb}\right] = \frac{s}{s^2 + b^2}$$

同理有

$$L[\sin bt] = \frac{1}{2j}\left[\frac{1}{s-jb} - \frac{1}{s+jb}\right] = \frac{b}{s^2 + b^2}$$

进一步，还有

$$L[\mathrm{e}^{-at}\cos bt] = L\left[\frac{\mathrm{e}^{-at+jbt} + \mathrm{e}^{-at-jbt}}{2}\right] = \frac{1}{2}\left[\frac{1}{s+a-jb} + \frac{1}{s+a+jb}\right] = \frac{s}{(s+a)^2+b^2}$$

$$L[\mathrm{e}^{-at}\sin bt] = \frac{b}{(s+a)^2+b^2}\text{。"}$$

众人哄堂大笑，这年头谁还没有个线性，至于这么显摆么。拉普拉斯心中暗骂："这个小年轻这么轻敌又冒进，活该你被大家笑话。"

柳海风望了一眼裁判长，起身说道："这个线性是大家都有的性质，因为咱们数学发展的原因，非线性问题在几百年内都不可能有很好的解决方案，所以在本科阶段，主要以线性为主，像极限、微积分等。傅里叶变换也有线性，这一局不算。"

拉家人受了打击，一个个垂头丧气，不敢开口说话了。傅家四弟子金枝玉叶站了起来："我们有奇偶虚实性，就是……"

话还没说完，巴基斯坦就站了起来，说道："别说你那个奇偶虚实性，只是数学上看着好看，工程上基本没什么用，你问问学习'信号与系统'课的同学们，哪一个把它当回事了。"

金枝玉叶羞红了脸，不好意思地看了一眼傅里叶，没趣地坐了下去。

大师兄叶公好龙唰地一下就跳了起来。他大声喝道："我们有对偶性，你们呢？"

拉普拉斯心想这个狠。傅里叶变换是一元函数变到一元函数，可以有对偶性。我这个变换是实函数变到复函数，相当于一元函数到二元函数，对偶不回来呀。

这时大弟子斯里兰卡开口了："哈哈，我呸，你们那个对偶性是'信号与系统'整门课中最难最难的地方。每次考试都有大量的同学在这种题上失分。还有刚才金枝玉叶的奇偶虚实性，以及傅里叶级数的对称性，是整门课程的三大难点。总被出考题的老师拿出来难为学生。学生都恨死你们了！"

拉普拉斯满意地点了点头。到底是大象成群的地方，够稳够狠。这招反击得漂亮！

总裁判长甄德行坐不住了，赶紧抢过话头："话不能这么说，题目难不等于内容不重要。这几个方面的问题难是因为学生题目做少了。我们专业基础课课时少，不能像数学课那样用大量反复的习题来培养解题能力，愿意挤出时间多做题的同学，学习这些内容还是比较简单的，并且真正理解、掌握了这些性质还是很有收获的。"

听到甄德行这么说，柳海风不干了。

"裁判长你啥意思？我们数学课做题多怎么啦？学数学哪有不做题的？再说我们课时多又不是我们要的，是国家统一规定的。你们的课时数是学校自己定的，有话你找学校说去。"

眼见两个裁判长要吵起来了，第二副裁判长新珠赶紧劝解：

"柳教授，甄主任不是那个意思。"

柳教授一看美女说话了，嚣张气焰一下子就没了。但见到美女向着裁判长说话，又忍不住有点小忌妒："那也不行。"

甄德行也不是好惹的，把眼一瞪："你想怎么样？"

看到裁判组吵得不可开交，香农提议休会 5 分钟，再重新开始。

5 分钟之后，大会重新开始。

落叶知秋开口说道："我们有尺度变换特性：若 $f(t) \leftrightarrow F(\omega)$，则 $f(at) \leftrightarrow \dfrac{1}{|a|}F\left(\dfrac{\omega}{a}\right)$，$a$ 为非零实常数。"

南斯拉夫不屑地说："我们也有：设 $L[f(t)] = F(s)$，则当 $a>0$ 时，有

$$L[f(at)] = \frac{1}{a}F\left(\frac{s}{a}\right)$$

并且，由于仅考虑单边拉氏变换，因此不考虑 $a<0$，比你们那个形式还简单一些呢！利用这个性质，我们还能求一些复合函数的拉普拉斯变换，比如：已知 $L[\sin t] = \dfrac{1}{s^2+1}$，求函数 $f(t) = \sin kt$ 的拉普拉斯变换。可以直接套用尺度变换性质，有

$$F(s) = \frac{1}{k}\frac{1}{(s/k)^2+1} = \frac{k}{s^2+k^2} \text{。}"$$

　　落叶知秋一看，二者形式上的确完全一致，人家还少了个绝对值号，用起来一点不麻烦，所以也就没话说了。

　　枝繁叶茂忙说："看我们的时移特性多漂亮！

$$若 f(t) \leftrightarrow F(\omega)，则 f(t \pm t_0) \leftrightarrow F(\omega)e^{\pm j\omega t_0}。"$$

　　巴基斯坦不甘示弱："我们的时移特性也不错啊！

　　若 $L[f(t)] = F(s)$，则对于任一非负实数 τ，有

$$L[f(t-\tau)u(t-\tau)] = e^{-\tau s}F(s)$$

你看有什么差别？我们只考虑因果信号，所以只有右移，形式上还比你们简单呢！"

　　枝繁叶茂坏坏地笑了："巴哥，一般信号右移，有好几种形式呢，以直线为例，我画给你看：

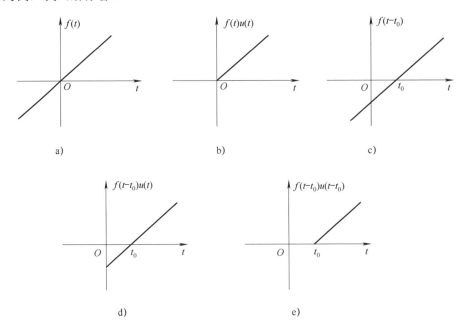

你说说看，你的公式针对的是哪一种情况？对其他情况，你的公式又是什么样的？"

　　巴基斯坦凛然说道："我们根据实际工程需要，给出的是 e 和 b 中信号拉

氏变换的对应关系，即由 b 中信号的拉氏变换求 e 中信号的拉氏变换，至于其他情形，相信感兴趣的同学们自然会去推导。我们只要求学生会做以下习题。

第一个，求单位矩形脉冲函数 $u_{ab}(t) = \begin{cases} 1 & a \leq t \leq b \\ 0 & t < a \ \text{或} > b \end{cases}$ 的拉氏变换。对这种分段函数，我们都是要把它和阶跃信号联系起来的。

因为 $u(t-a) = \begin{cases} 0 & t < a \\ 1 & t \geq a \end{cases}$，$u(t-b) = \begin{cases} 0 & t < b \\ 1 & t \geq b \end{cases}$

根据平移性质知，$L[u(t-a)] = \dfrac{1}{s} \mathrm{e}^{-as}$，$L[u(t-b)] = \dfrac{1}{s} \mathrm{e}^{-bs}$

所以 $L[u_{ab}(t)] = L[u(t-a) - u(t-b)]$

$$= L[u(t-a)] - L[u(t-b)] = \frac{1}{s}(\mathrm{e}^{-as} - \mathrm{e}^{-bs})$$

第二个，求下图所示波形的拉氏变换

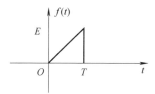

这也是分段函数，自然也要利用阶跃信号。写出它的函数表达式

$$f(t) = \frac{E}{T} t[u(t) - u(t-T)]$$

$$= \frac{E}{T} tu(t) - \frac{E}{T} tu(t-T)$$

$$= \frac{E}{T} tu(t) - \frac{E}{T}(t-T)u(t-T) - Eu(t-T)$$

由 $u(t) \leftrightarrow \dfrac{1}{s}$ 和 $tu(t) \leftrightarrow \dfrac{1}{s^2}$，得

$$L[f(t)] = \frac{E}{T} \cdot \frac{1}{S^2} - \frac{E}{T} \cdot \frac{1}{S^2} \mathrm{e}^{-sT} - E \cdot \frac{1}{S} \mathrm{e}^{-sT}$$

$$= \frac{E}{Ts^2} - \frac{E}{Ts^2} \mathrm{e}^{-sT} - \frac{E}{s} \mathrm{e}^{-sT}$$

第三个，求下图所示波形的拉氏变换。

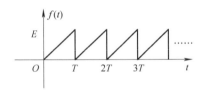

这个可以看成是上面那个信号的周期延拓，所以可以先求出一个周期内部的拉式变换，然后，把周期延拓看成是一系列的时移，利用时移性质，顺带还能导出周期信号的拉普拉斯变换，一点不比你们周期信号的傅里叶变换复杂。

设 $f_1(t)$ 表示 $f(t)$ 在 $[0,T]$ 内的部分，则 $f(t)$ 可写为

$$f(t) = f_1(t) + f_1(t-T) + f_1(t-2T) + \cdots$$

根据时移性，若

$$f_1(t) \leftrightarrow F_1(s)$$

则

$$\begin{aligned} f(t) &\leftrightarrow F_1(s) + F_1(s)e^{-sT} + F_1(s)e^{-2sT} + \cdots \\ &= F_1(s)(1 + e^{-sT} + e^{-2sT} + \cdots) \\ &= \frac{F_1(s)}{1 - e^{-sT}} \end{aligned}$$

上式表明，周期为 T 的周期函数的单边拉普拉斯变换等于第一个周期内的函数的拉普拉斯变换乘以周期因子 $\dfrac{1}{1-e^{-sT}}$，今后，求周期信号的拉氏变换时，就可以先求一个周期内信号的拉氏变换，然后再乘这个周期因子，反过来，求反变换时若遇到这个周期因子，就可以先把它提出来，对剩余部分求反变换，然后再周期延拓。

根据前面的结果，立即得到所要求的拉氏变换为：$\dfrac{E}{Ts^2} - \dfrac{Ee^{-sT}}{s(1-e^{-sT})}$。

看看你们那里周期信号和其一个周期内信号的傅里叶变换的关系，对比一下，你不觉得不好意思吗？"

枝繁叶茂心想，我们那周期信号的傅里叶变换是一系列冲激序列之和，形式上的确没有这么简洁，脸上不由显出愧色。

叶公好龙推开三弟，说："我们的频移性质特别好，是现代通信的理论基

础呢！

$$若 f(t) \leftrightarrow F(\omega)，则 f(t)\mathrm{e}^{\pm \mathrm{j}\omega_0 t} \leftrightarrow F(\omega \mp \omega_0)$$ ”

斯里兰卡挺身而出："我们的也很好啊！设 $f(t) \leftrightarrow F(s)$，则 $f(t)\mathrm{e}^{\pm s_0 t} \leftrightarrow F(s \mp s_0)$ s_0 为任意复常数。

虽然书上没有写直接的工程应用，但是可以用来求一些复杂信号的拉普拉斯变换，比如：

（1）$f(t) = \mathrm{e}^{at}t^n$　　　　（2）$f(t) = \mathrm{e}^{4t}\sin 5t$

这些就可以直接比对性质的表达式来计算：

（1）因为 $L[t^n] = \dfrac{n!}{s^{n+1}}$，由复频域平移性质，有

$$L[\mathrm{e}^{at}t^n] = \frac{n!}{(s-a)^{n+1}}$$

（2）因为 $L[\sin 5t] = \dfrac{5}{s^2 + 25}$，由频域平移性质，有

$$L[\mathrm{e}^{4t}\sin 5t] = \frac{5}{(s-4)^2 + 25}$$ ”

小师妹金枝玉叶娇滴滴地说："我们有卷积定理，这可是个好东西：

$$若 f_1(t) \leftrightarrow F_1(\omega)，\quad f_2(t) \leftrightarrow F_2(\omega)$$

$$则 f_1(t) * f_2(t) \leftrightarrow F_1(\omega)F_2(\omega)，\quad f_1(t) \times f_2(t) \leftrightarrow \frac{1}{2\pi}[F_1(\omega) * F_2(\omega)]$$

它把卷积运算变成了乘积运算，大大简化了运算复杂度呢！"

毛里求斯看金枝玉叶这么漂亮，越看越欢喜，忙激动地说："我们也有，我们也有，不信你看：

若　　　　　　　　　　$$f_1(t) \leftrightarrow F_1(s)，\quad f_2(t) \leftrightarrow F_2(s)$$

则　　　　　$$f_1(t) * f_2(t) \leftrightarrow F_1(s)F_2(s)，\quad f_1(t)f_2(t) \leftrightarrow \frac{1}{\mathrm{j}2\pi}F_1(s) * F_2(s)$$

形式一样，作用效果都一样。"

金枝玉叶白了他一眼，把脸转向傅里叶，傅里叶嘴唇动了动，轻轻地挤出了三个字：微积分。

金枝玉叶立即明白了，兴奋地说："看我们的微积分性质：

若 $f(t) \leftrightarrow F(\omega)$，则 $f'(t) \leftrightarrow j\omega F(\omega)$，推广到高阶导数：

$$\frac{\mathrm{d}^n f(t)}{\mathrm{d}t^n} \leftrightarrow (j\omega)^n F(\omega)$$

$$\int_{-\infty}^t f(\tau)\mathrm{d}\tau \leftrightarrow \pi F(0)\delta(\omega) + \frac{F(\omega)}{j\omega} ，式中 F(0) = F(\omega)|_{\omega=0} = \int_{-\infty}^\infty f(t)\mathrm{d}t$$

当 $F(0) = 0$ 时，上式还可以简化为 $\int_{-\infty}^t f(\tau)\mathrm{d}\tau \leftrightarrow \dfrac{F(\omega)}{j\omega}$

$$-jtf(t) \leftrightarrow \frac{\mathrm{d}F(\omega)}{\mathrm{d}\omega} ，\quad (-jt)^n f(t) \leftrightarrow \frac{\mathrm{d}^n F(\omega)}{\mathrm{d}\omega^n}$$

改写为实用形式：$tf(t) \leftrightarrow j\dfrac{\mathrm{d}F(\omega)}{\mathrm{d}\omega}$，$t^n f(t) \leftrightarrow j^n \dfrac{\mathrm{d}^n F(\omega)}{\mathrm{d}\omega^n}$。"

毛里求斯哈哈大笑："要论微积分性质，我们才是强项。

设 $L[f(t)] = F(s)$，且 $f(t)$ 在 $[0, +\infty)$ 上连续，则有

$$L[f'(t)] = sF(s) - f(0_-)$$
$$L[f^{(n)}(t)] = s^n F(s) - s^{n-1}f(0_-) - s^{n-2}f'(0_-) - \cdots - f^{(n-1)}(0_-)$$

这个式子尽管比你们傅氏变换的微分性质复杂，但代入了起始条件，在用于系统分析时将大大简化运算，若起始状态为零，就跟你们的表达式一样简单了。

$f(0_-) = f'(0_-) = \cdots = f^{(n-1)}(0_-) = 0$ 时，$L[f^{(n)}(t)] = s^n F(s)$

我还可以证明给你看：$L\left\{\dfrac{\mathrm{d}f(t)}{\mathrm{d}t}\right\} = \displaystyle\int_{0-}^\infty \frac{\mathrm{d}f(t)}{\mathrm{d}t}\mathrm{e}^{-st}\mathrm{d}t = \int_{0-}^\infty \mathrm{e}^{-st}\mathrm{d}f(t)$

$$= \mathrm{e}^{-st}f(t)\Big|_{0-}^\infty + s\int_{0-}^\infty f(t)\mathrm{e}^{-st}\mathrm{d}t = sF(s) - f(0_-)$$

令 $\dfrac{\mathrm{d}f(t)}{\mathrm{d}t}$ 的拉氏变换为 $F_1(s)$，则有

$$L\left\{\frac{\mathrm{d}^2 f(t)}{\mathrm{d}t^2}\right\} = sF_1(s) - f_1(0_-) = s^2 F(s) - sf(0_-) - f'(0_-)$$

依此类推，可以得到高阶导数的拉氏变换

$$L\left[\frac{\mathrm{d}^n f(t)}{\mathrm{d}t^n}\right] = s^n F(s) - \sum_{r=0}^{n-1} s^{n-r-1} f^{(r)}(0_-)$$

再举个例子给你看：利用时域微分性质求函数 $f(t) = \sin\omega t$ 的拉普拉斯变换：

因为 $f(0_-) = 0$, $f'(0_-) = \omega$, $f''(t) = -\omega^2 \sin \omega t$，所以

$$L[f''(t)] = L(-\omega^2 \sin \omega t) = -\omega^2 L(\sin \omega t)$$

由微分性质知：$L[f''(t)] = s^2 F(s) - sf(0) - f'(0) = s^2 L(\sin \omega t) - \omega$

即
$$-\omega^2 L(\sin \omega t) = s^2 L(\sin \omega t) - \omega$$

得
$$L(\sin \omega t) = \frac{\omega}{s^2 + \omega^2}$$

怎么样，好不好看啊？"

毛里求斯看着金枝玉叶，继续说道："时域积分性质：

若 $f(t)u(t) \leftrightarrow F(s)$，则

$$\int_{-\infty}^{t} f(\tau)\, d\tau\, u(t) \leftrightarrow \frac{\int_{-\infty}^{0_-} f(\tau)\, d\tau}{s} + \frac{F(s)}{s}$$

注意这里的 $u(t)$，下面是证明过程。

$$\int_{-\infty}^{t} f(\tau)\, d\tau\, u(t) = \int_{-\infty}^{0_-} f(\tau)\, d\tau\, u(t) + \int_{0_-}^{t} f(\tau)\, d\tau\, u(t)$$

由于 $\int_{-\infty}^{0_-} f(\tau)\, d\tau$ 为常量，所以 $\int_{-\infty}^{0_-} f(\tau)\, d\tau\, u(t)$ 的拉氏变换为 $\dfrac{\int_{-\infty}^{0_-} f(\tau)\, d\tau}{s}$

$$L[\int_{0_-}^{t} f(\tau)\, d\tau\, u(t)] = \int_{0}^{\infty}[\int_{0_-}^{t} f(\tau)\, d\tau]e^{-st} dt$$

$$= \left[-\frac{e^{-st}}{s}\int_{0_-}^{t} f(\tau)\, d\tau\, u(t)\right]\Big|_0^{\infty} + \frac{1}{s}\int_{0_-}^{\infty} f(\tau)\, d\tau = \frac{1}{s}F(s)$$

所以，有 $\int_{-\infty}^{t} f(\tau)\, d\tau\, u(t) \leftrightarrow \dfrac{\int_{-\infty}^{0_-} f(\tau)\, d\tau}{s} + \dfrac{F(s)}{s}$。

如果 $f(t)$ 为因果信号，那形式就更简单了，即

$$\int_{0_-}^{t} f(\tau)\, d\tau \leftrightarrow \frac{F(s)}{s}$$

举个例子给你看：利用 $L(\cos 3t) = \dfrac{s}{s^2 + 9}$ 和时域积分性质求函数 $f(t) = \sin 3t$ 的拉普拉斯变换。

我们知道，$\sin 3t = 3\int_{0}^{t}\cos 3t dt$，所以 $L[\sin 3t] = L[3\int_{0}^{t}\cos 3t dt] = 3\frac{1}{s}\frac{s}{s^2 + 9} =$

$\dfrac{3}{s^2+9}$。

明白了没有啊，小妹妹？"

金枝玉叶气得心底大骂：有什么了不起啊！嘴上却说："你们的复频域微分性质呢？"

毛里求斯愉快地说："拉普拉斯变换是一个复函数，不提供复频率微分性质，不过我们还有初值定理、终值定理。

（1）初值定理

设 $f(t)$ 不包含冲激函数，$f(t)$、$f'(t)$ 的拉氏变换存在，$f(t) \leftrightarrow F(s)$，则

$$\lim_{t \to 0_+} f(t) = f(0_+) = \lim_{s \to \infty} sF(s)$$

这个结论可用于只知道复频域形式的时候不求反变换来求时域信号的初值。

证明：由时域微分性质可知

$$sF(s) - f(0^-) = \int_{0^-}^{\infty} \frac{\mathrm{d}f(t)}{\mathrm{d}t} \mathrm{e}^{-st} \mathrm{d}t = \int_{0^-}^{0^+} \mathrm{e}^{-st} \mathrm{d}f(t) + \int_{0^+}^{\infty} \frac{\mathrm{d}f(t)}{\mathrm{d}t} \mathrm{e}^{-st} \mathrm{d}t$$

$$= f(0_+) - f(0_-) + \int_{0^+}^{\infty} f'(t)\mathrm{e}^{-st} \mathrm{d}t$$

得 $\quad sF(s) = f(0_+) + \displaystyle\int_{0^+}^{\infty} f'(t)\mathrm{e}^{-st} \mathrm{d}t$

所以，

$$\lim_{s \to \infty} sF(s) = f(0_+) + \lim_{s \to \infty} \int_{0^+}^{\infty} f'(t)\mathrm{e}^{-st} \mathrm{d}t$$

$$= f(0_+) + \int_{0^+}^{\infty} f'(t)\left[\lim_{s \to \infty} \mathrm{e}^{-st}\right]\mathrm{d}t = f(0_+)$$

（2）终值定理

设 $f(t)$、$f'(t)$ 的拉氏变换以及 $\lim\limits_{t \to \infty} f(t)$ 存在，$f(t) \leftrightarrow F(s)$，$sF(s)$ 的所有极点在 s 平面的左半面，则 $\lim\limits_{t \to \infty} f(t) = f(\infty) = \lim\limits_{s \to 0} sF(s)$ 。

类似地，当只知道信号的复频域形式时，就可以不求反变换直接求信号的极限值。

证明：利用上面的结果，可得

$$\lim_{s \to 0} sF(s) = f(0_+) + \lim_{s \to 0} \int_{0^+}^{\infty} f'(t)\mathrm{e}^{-st} \mathrm{d}t$$

$$= f(0_+) + \int_{0^+}^{\infty} f'(t)\mathrm{d}t$$

$$= f(0_+) + f(t) \Big|_{0^+}^{\infty} = f(0^+) + f(\infty) - f(0^+) = f(\infty)$$

我来对阶跃信号 $f(t) = u(t)$ 和正弦信号 $g(t) = \sin t$ 分别验证初值定理和终值定理。由于

$$F(s) = L[u(t)] = \frac{1}{s}, \quad G(s) = L[\sin t] = \frac{1}{s^2+1}$$

所以有

$$f(0_+) = \lim_{s \to \infty} sF(s) = \lim_{s \to \infty} s \frac{1}{s} = 1, \quad \lim_{t \to \infty} f(t) = \lim_{s \to 0} sF(s) = \lim_{s \to \infty} s \frac{1}{s} = 1$$

结论正确。

而 $g(0_+) = \lim_{s \to \infty} sG(s) = \lim_{s \to \infty} s \frac{1}{s^2+1} = 0, \quad \lim_{s \to 0} sG(s) = \lim_{s \to \infty} s \frac{1}{s^2+1} = 0$ ，显然 $g(t) = \sin t$ 的终值并不存在，因此对 $g(t) = \sin t$ 可以应用初值定理但不能应用终值定理，这说明只有在终值存在时才可以应用终值定理。你服不服呀，小妹妹？"

得意忘形的毛里求斯居然还对金枝玉叶抛了个媚眼！金枝玉叶气得是凤眼含泪，娇躯乱颤。枝繁叶茂看见别人欺负自己心爱的小师妹，也是怒火中烧，忍不住喝道："我们的对称性，你们不是没有吗？德行！！"

总裁判长甄德行刚刚走了一下神，听到有人喊自己的名字，一激灵回过神来，看到现场剑拔弩张的样子，猛地醒悟，原来不是喊自己，是骂人呢！看看自己这名字！心中暗恨写书人真不厚道。甄德行赶紧站了起来开口说道："各位祖宗，大家不要争了，从信息科学的角度，傅里叶和拉普拉斯都是我们的开山鼻祖，都是了不起的人物，你们为信号与系统分析提供了有效的、科学的分析方法，为信息科学做出了巨大的无人能比的贡献。傅里叶变换的优势在于信号分析，拉普拉斯变换的优势在于系统分析，二者互有侧重，互为补充，不可偏废。大家学习这门课的时候，都要认认真真地学好学透。今天的比试，我看就不要有什么结论了。我们后辈对两位大师前辈一样敬重，一样追随，一样效仿。再说，拉普拉斯变换和傅里叶变换在我们教学中是紧密相连的：我们都把拉氏变换看成是傅氏变换的推广，傅氏变换看成是拉氏变换的特例。

具体来说：假设所讨论的信号的拉氏变换都存在。根据收敛区的不同，拉

氏变换与傅氏变换的关系稍有不同，在收敛区为 $\mathrm{Re}(s) > \sigma_0$ 的条件下，分别根据 $\sigma_0 > 0$，$\sigma_0 = 0$，$\sigma_0 < 0$ 三种情况予以简要讨论。同时，假定信号 $f(t)$ 为因果信号，即当 $t < 0$ 时 $f(t) = 0$。

（1）收敛区为 $\mathrm{Re}(s) > \sigma_0$，$\sigma_0 > 0$

虚轴在收敛区外，因此在虚轴 $s = \mathrm{j}\omega$ 处，积分 $\int_0^\infty f(t)\mathrm{e}^{-st}\mathrm{d}t$ 不收敛，即 $f(t)$ 的傅里叶变换不存在，此时，通过因子 $\mathrm{e}^{-\sigma t}$ 使原信号衰减而得到拉氏变换。

（2）收敛区 $\mathrm{Re}(s) > \sigma_0$，$\sigma_0 < 0$

此时，虚轴 $s = \mathrm{j}\omega$ 在收敛区内，在拉氏变换式中令 $s = \mathrm{j}\omega$，就可以得到傅氏变换，即 $F(\mathrm{j}\omega) = F(s)\big|_{s=\mathrm{j}\omega}$

（3）收敛区为 $\mathrm{Re}(s) > \sigma_0$，$\sigma_0 = 0$

此时，虽然收敛区也不包括虚轴，但虚轴是收敛区的边界，意味着 $F(s)$ 中必有一些极点（即使 $F(s)$ 为无穷大或分母为零的点）位于 s 平面的虚轴上，因此，$f(t)$ 的傅氏变换中必然包含有冲激函数或冲激函数的导数。

当 $F(s)$ 中只含有一阶极点（即分母中关于 s 仅有单根）时，可将其写为

$$F(s) = F_0(s) + \sum_n \frac{k_n}{s - \mathrm{j}\omega_n}$$

其中 $F_0(s)$ 的极点位于 s 平面的左半平面，其对应的时域信号 $f_0(t)$ 的傅氏变换为 $F_0(\mathrm{j}\omega)$。相应地：

$$f(t) = f_0(t) + \sum_n k_n \mathrm{e}^{\mathrm{j}\omega_n t} u(t)$$

从而其傅氏变换为

$$F(\mathrm{j}\omega) = F_0(\mathrm{j}\omega) + \sum_n k_n \left\{ \delta(\omega - \omega_n) * \left[\pi\delta(\omega) + \frac{1}{\mathrm{j}\omega} \right] \right\}$$

$$= F_0(\mathrm{j}\omega) + \sum_n k_n \frac{1}{\mathrm{j}(\omega - \omega_n)} + \sum_n k_n \pi\delta(\omega - \omega_n)$$

$$= F(s)\big|_{s=\mathrm{j}\omega} + \sum_n k_n \pi\delta(\omega - \omega_n)$$

可见，当收敛区以虚轴为边界时，相应的傅里叶变换是在 $F(s)$ 中以 $\mathrm{j}\omega$ 代 s，同时包含在极点 $\omega = \omega_n$、强度为 $k_n\pi$ 的冲激之和。

当 $F(s)$ 中含有高阶极点时，相应的傅里叶变换中还可能包含冲激函数高阶导数项，具体形式这里就不推导了。

为了表达对两位前辈的敬意，我这里把傅氏变换和拉氏变换的性质对比列为表格，方便大家学习、记忆。

名　　称	傅里叶变换	拉普拉斯变换
	$f(t) \leftrightarrow F(\omega)$	$f(t) \leftrightarrow F(s)$
线性	$\alpha f_1(t) + \beta f_2(t) \leftrightarrow \alpha F_1(\omega) + \beta F_2(\omega)$	$\alpha f_1(t) + \beta f_2(t) \leftrightarrow aF_1(s) + bF_2(s)$
尺度变换	$f(at), a \neq 0 \leftrightarrow \dfrac{1}{\lvert a \rvert}F\left(\dfrac{\omega}{a}\right)$	$f(at), a > 0 \leftrightarrow \dfrac{1}{a}F(s/a)$ （$a>0$）
对偶性	$f(t) \leftrightarrow g(\omega)$ $g(t) \leftrightarrow 2\pi f(-\omega)$	—
平移	$f(t-t_0) \leftrightarrow F(\omega)\mathrm{e}^{-\mathrm{j}\omega t_0}$ $f(t)\mathrm{e}^{\mathrm{j}\omega_0 t} \leftrightarrow F(\omega - \omega_0)$	$f(t-t_0)u(t-t_0) \leftrightarrow F(s)\mathrm{e}^{-t_0 s}$ $f(t)\mathrm{e}^{s_0 t} \leftrightarrow F(s - s_0)$
微分	$\dfrac{\mathrm{d}}{\mathrm{d}t}f(t) \leftrightarrow \mathrm{j}\omega F(\omega)$ $(-\mathrm{j}t)^n f(t) \leftrightarrow F^{(n)}(\omega)$	$\dfrac{\mathrm{d}}{\mathrm{d}t}f(t) \leftrightarrow sF(s) - f(0_-)$ $tf(t) \leftrightarrow -\dfrac{\mathrm{d}F(s)}{\mathrm{d}s}$ $\dfrac{\mathrm{d}^n f(t)}{\mathrm{d}t^n} \leftrightarrow s^n F(s) - \sum\limits_{r=0}^{n-1} s^{n-r-1}f^{(r)}(0_-)$ $t^n f(t) \leftrightarrow (-1)^n \dfrac{\mathrm{d}F^n(s)}{\mathrm{d}s^n}$
积分	$\displaystyle\int_{-\infty}^{t} f(\tau)\mathrm{d}\tau \leftrightarrow \dfrac{F(\omega)}{\mathrm{j}\omega} + \pi F(0)\delta(\omega)$ $\dfrac{f(t)}{-\mathrm{j}t} \leftrightarrow \displaystyle\int_{-\infty}^{\omega} F(w)\mathrm{d}w$	$\displaystyle\int_{-\infty}^{t} f(\tau)\mathrm{d}\tau \leftrightarrow \dfrac{f^{-1}(0)}{s} + \dfrac{F(s)}{s}$ $\dfrac{1}{t}f(t) \leftrightarrow \displaystyle\int_{s}^{\infty} F(s_1)\mathrm{d}s_1$
卷积	$f_1(t) * f_2(t) \leftrightarrow F_1(\omega)F_2(\omega)$ $f_1(t)f_2(t) \leftrightarrow \dfrac{1}{2\pi}F_1(\omega) * F_2(\omega)$	$f_1(t) * f_2(t) \leftrightarrow F_1(s)F_2(s)$ $f_1(t)f_2(t) \leftrightarrow \dfrac{1}{\mathrm{j}2\pi}F_1(s) * F_2(s)$
对称性	$f(-t) \leftrightarrow F(-\omega)$ $f^*(t) \leftrightarrow F^*(-\omega)$ $f^*(-t) \leftrightarrow F^*(\omega)$	—

（续）

名　　称	傅里叶变换	拉普拉斯变换
时域抽样	$f(t)\sum\limits_{n=-\infty}^{+\infty}\delta(t-nT)\leftrightarrow\dfrac{1}{T}\sum\limits_{k=-\infty}^{+\infty}F\left(\omega-k\dfrac{2\pi}{T}\right)$	
初值	—	$f(0_+)\leftrightarrow\lim\limits_{t\to 0_+}f(t)=\lim\limits_{s\to\infty}sF(s)$
终值	—	$f(\infty)\leftrightarrow\lim\limits_{t\to\infty}f(t)=\lim\limits_{s\to 0}sF(s)$

今天的比武就到这里结束吧！"

大家一听挺有道理，也就不多说什么，纷纷鼓掌。

傅里叶虽有想法，但大庭广众之下不愿意失了身份，也就淡然一笑，不说什么了。

拉普拉斯心有不甘。挑战书毕竟是自己去下的，虽然大家给面子，但这个结局毕竟不是自己想要的。他暗下决心，回去要苦练内功，争取再有新的成果。

拉家自我提升运动悄悄地开始酝酿了。欲知后事如何，请看第十七回 拉氏易求反变换 系统求解更简单。

第十七回
拉氏易求反变换　系统求解更简单

傅拉之战，拉普拉斯没有能占到上风，内心极度不爽。一帮人闷闷不乐地回到家，本以为能一战定乾坤，结果损兵折将，预定目的并未达到，内心不免有些沮丧。

拉普拉斯要求徒儿们好好反省和思考一下，怎样才能打造出拉家的绝技，让它绽放光芒，打击一下傅家人的气焰。

五师妹马尔维纳斯古灵精怪，最受师父喜爱。看见师父师兄都这么严肃，也不敢大声说话，她小声地嘟囔了一句："师父说人家的反变换不好求，咱们是不是可以从反变换入手呢？"

一语惊醒梦中人。是的，前面咱们攻击人家不行的时候，提出两点：一是傅氏变换适用范围不够大，许多指数类函数没有能包括进来，奇异信号的极限法语焉不详，不能自圆其说。二是反变换计算不方便。这至关重要的反变换怎么就忘记了呢？

拉普拉斯赞赏地望着马尔维纳斯，问道："小马，你有什么想法呢？"

马尔维纳斯娇滴滴地说："师父，我不知道。"

毛里求斯的心里顿时打翻了五味瓶，心想：看咱小师妹多聪明，多讨喜，关键时刻一句话显露智慧。平时又谨言慎行，不多发表意见，不讨人嫌。哪像自己，该说不该说的都乱说。说得好惹人妒忌，说错了又给人留话柄。

巴基斯坦觉得这是一个表忠心的机会，急忙说道："师父，能否考虑像正变换那样，选择几个基本信号，把其他信号作为基本信号的运算结果。用定义求基本信号的反变换，用法则求其他信号的反变换呢？"

南斯拉夫不等师父开口，白了一眼巴基斯坦："你傻呀，这都不明白，还好意思提建议？人们使用信号的时域形式都是自主选择的，喜欢就选进来，不喜欢的就排除出去，因此可以限定只研究特定函数形式的信号，这样才有了信号的良好结构。但时域里的信号，变到拉氏域中，什么形式都有可能出现，就没有那种良好结构了。如果对拉氏域中的象函数设定固定结构，那原函数可能好求，但不符合人们的使用要求，也就没有什么意义了。"

"依着你呢？"巴基斯坦反问。

南斯拉夫丝毫没有胆怯的样子，说道："比武大会上，甄德行专家已经说过了，我们的拉氏变换更适于系统分析。那咱们就把拉氏变换的主要应用场景设定为系统分析。大家都知道，线性时不变系统在拉氏域中求解，只用到有理分式的反变换，即形如 $F(s) = \dfrac{B(s)}{D(s)}$，$B(s)$ 和 $D(s)$ 分别是 s 的次数为 m、n 次多项式。"

"那又如何？"巴基斯坦问道。

南斯拉夫说道："针对分子分母多项式的不同情况，逆变换有不同的简单求法。

第一种是最简单的情况，$m < n$，$D(s) = 0$ 的根为实根且无重根，

$$F(s) = \frac{B(s)}{(s-p_1)(s-p_2)\cdots(s-p_n)}$$

式中 $p_1, p_2, \cdots, p_n$ 各不相同，此时，$F(s)$ 可分解为

$$F(s) = \frac{k_1}{s-p_1} + \frac{k_2}{s-p_2} + \cdots \frac{k_n}{s-p_n} = \sum_{i=1}^{n} \frac{k_i}{s-p_i}$$

为确定系数 k_1，两边乘以 $(s-p_1)$

$$(s-p_1)F(s) = k_1 + (s-p_1)\frac{k_2}{s-p_2} + \cdots + (s-p_1)\frac{k_n}{s-p_n}$$

再令 $s = p_1$，得到

$$k_1 = (s-p_1)F(s)\Big|_{s=p_1}$$

同理：
$$k_i = (s-p_i)F(s)\Big|_{s=p_i}$$

从而 $F(s)$ 的原函数

$$f(t) = k_1 e^{p_1 t} + k_2 e^{p_2 t} + \cdots k_n e^{p_n t} = \sum_{i=1}^{n} k_i e^{p_i t} \qquad t > 0$$

比如，求 $F(s) = \dfrac{s+4}{2s^2+5s+3}$ 的拉氏反变换

令

$$F(s) = \frac{s+4}{2(s+1)\left(s+\dfrac{3}{2}\right)} = \frac{1}{2}\left(\frac{k_1}{s+1} + \frac{k_2}{s+\dfrac{3}{2}} \right)$$

$$\frac{k_1}{2} = \frac{s+4}{2s+3}\bigg|_{s=-1} = 3, \quad \frac{k_2}{2} = \frac{s+4}{2(s+1)}\bigg|_{s=-\frac{3}{2}} = \frac{-5}{2}$$

$$F(s) = \frac{3}{s+1} + \frac{-5}{2s+3}$$

因此 $F(s) \leftrightarrow \left(3e^{-t} - \dfrac{5}{2}e^{-\frac{3}{2}t} \right)u(t)$。"

巴基斯坦急忙插嘴："你这个裂项的方法好别致！为什么高等数学中求有理函数积分时不用呢？"

这一下把大家问得哑口无言。拉普拉斯知道柳海风喜欢跟女孩子讲话，忙叫马尔维纳斯跟柳海风连个麦，听听数学家怎么说。

马尔维纳斯把来龙去脉一说，柳海风笑了笑说："这是因为从原理上讲，你那个 p_1, p_i 不在有理式的定义域中。你用定义域之外的函数值确定定义域里头的函数形式，就像用明朝的尚方宝剑去斩清朝的官一样，从法理上说不过去。我们数学讲究严谨科学，不会这么做。你们干工程的，可以使用错误的方法找到正确的答案。白马黑马，跑得快的就是好马。"

这下大家都明白了，也就不跟他多说了，关了他的麦，把他踢出了群聊。

南斯拉夫继续说："第二种情况是 $m \geqslant n$, $D(s) = 0$ 的根为实根且无重根。当 $m \geqslant n$ 时，可将分子多项式的高次项提出，得到一个 s 的多项式和真分式的和，利用 $1 \leftrightarrow \delta(t)$、$s \leftrightarrow \delta'(t)$、$s^2 \leftrightarrow \delta''(t)$ 等，以及上面介绍的 $m < n$ 的情况分别求得反变换，再求和即可。

比如求 $F(s) = \dfrac{s^3 + 6s^2 + 15s + 11}{s^2 + 5s + 6}$ 的原函数 $f(t)$，

因为 $F(s) = s+1 + \dfrac{4s+5}{s^2+5s+6} = s+1+ \dfrac{k_1}{s+2} + \dfrac{k_2}{s+3}$

$\qquad\qquad = s+1 + \dfrac{-3}{s+2} + \dfrac{7}{s+3}$

所以　　$f(t) = \delta'(t) + \delta(t) + (7e^{-3t} - 3e^{-2t})u(t)$。

第三种情况是 $D(s)=0$ 的根为共轭复根且无重根

$$D(s) = a_n(s-s_1)(s-s_2)\cdots(s-s_{n-2})(s^2+bs+c)$$
$$= D_1(s)(s^2+bs+c)$$

将 $F(s)$ 写成

$$F(s) = \frac{B(s)}{D(s)} = \frac{k_1 s + k_2}{s^2+bs+c} + \frac{B_1(s)}{D_1(s)}$$

先求 $B_1(s)$ 的系数，再用取特殊值的方法求 k_1、k_2，$\dfrac{k_1 s + k_2}{s^2+bs+c}$ 的反变换可以使用配方法，看下面的例子。

求 $F(s) = \dfrac{s+3}{s^3+3s^2+6s+4}$ 的原函数 $f(t)$。

由于　　$s^3+3s^2+6s+4 = (s+1)(s^2+2s+4)$

所以　$F(s) = \dfrac{A}{s+1} + \dfrac{Bs+C}{s^2+2s+4} = \dfrac{\frac{2}{3}}{s+1} + \dfrac{Bs+C}{s^2+2s+4}$

上式中，令 $s=0$，　　　得 $\dfrac{3}{4} = \dfrac{2}{3} + \dfrac{C}{4}$，$C = \dfrac{1}{3}$

为求 B，两边乘 s，再取 $s \to \infty$，得 $0 = \dfrac{2}{3} + B$，$B = -\dfrac{2}{3}$

所以 $F(s) = \dfrac{\frac{2}{3}}{s+1} + \dfrac{-\frac{2}{3}s + \frac{1}{3}}{(s+1)^2+3} = \dfrac{\frac{2}{3}}{s+1} + \dfrac{-\frac{2}{3}(s+1) + \frac{1}{\sqrt{3}}\sqrt{3}}{(s+1)^2 + (\sqrt{3})^2}$

因此 $f(t) = \left[\dfrac{2}{3}e^{-t} - \dfrac{2}{3}e^{-t}\cos\sqrt{3}t + \dfrac{1}{\sqrt{3}}e^{-t}\sin\sqrt{3}t \right] u(t)$

你们觉得，这样求反变换是不是很方便？"

巴基斯坦问道："共轭复根不也是单根吗？利用单根的求法不是一样的嘛！"

斯里兰卡说："把共轭复根当单根，需要进行复杂的复数运算，并且在求逆变换时也烦，二弟这样处理简单多了。"

南斯拉夫接着说道："第四种情况，$m < n$，$D(s) = 0$ 有重根。

首先，假设重根只有一个，记

$$F(s) = \frac{B(s)}{D(s)} = \frac{B(s)}{(s - p_1)^k D_1(s)}$$

将 $F(s)$ 展开为

$$F(s) = \frac{k_{11}}{(s - p_1)^k} + \frac{k_{12}}{(s - p_1)^{k-1}} + \cdots + \frac{k_{1k}}{s - p_1} + \frac{E(s)}{D_1(s)}$$

两边乘以 $(s - p_1)^k$，再令 $s = p_1$

$$k_{11} = (s - p_1)^k F(s) \Big|_{s = p_1}$$

为求其余的 $k - 1$ 个系数，记

$$F_1(s) = (s - p_1)^k F(s)$$

$$= k_{11} + k_{12}(s - p_1) + \cdots + k_{1k}(s - p_1)^{k-1} + (s - p_1)^k \frac{E(s)}{D_1(s)}$$

两边求关于 s 的导数，得

$$\frac{\mathrm{d}F_1(s)}{\mathrm{d}s} = k_{12} + 2k_{13}(s - p_1) + \cdots + (k-1)k_{1k}(s - p_1)^{k-2} + \left[(s - p_1)^k \frac{E(s)}{D_1(s)}\right]'$$

再令 $s = p_1$，得

$$k_{12} = \frac{\mathrm{d}}{\mathrm{d}s} F_1(s) \Big|_{s = p_1}$$

一般地，可得

$$k_{1l} = \frac{1}{(l-1)!} \cdot \frac{\mathrm{d}^{l-1} F_1(s)}{\mathrm{d}s^{l-1}} \Big|_{s = p_1}$$

反变换利用

$$L^{-1}\left[\frac{k_{1l}}{(s - p_1)^l}\right] = \frac{k_{1l}}{(l-1)!} t^{l-1} \mathrm{e}^{p_1 t}$$

确定。

对 $D(s)$ 中的单根，可以用前面的方法处理，对其他重根，可类似处理。"

马尔维纳斯哧哧地笑了。

南斯拉夫不解地问："你笑什么？"

马尔维纳斯笑靥如花，撒娇似地对南斯拉夫说："二师兄，你说的这一套适合于电脑编程。实际做作业和考试的时候，根本没有这么复杂，我给你举一个例子吧！"

马尔维纳斯写下一个表达式：$F(s) = \dfrac{2s^2 + 3s + 1}{s^3 + 2s^2}$

"比如求它的原函数 $f(t)$，写出：

$$F(s) = \frac{2s^2 + 3s + 1}{s^3 + 2s^2} = \frac{k_{11}}{s^2} + \frac{k_{12}}{s} + \frac{k_2}{s+2}$$

$$k_2 = (s+2)F(s)\Big|_{s=-2} = \frac{3}{4}$$

$$k_{11} = s^2 F(s)\Big|_{s=0} = \frac{1}{2}$$

注意这一步：现在取 $s = 1$，$\dfrac{6}{3} = \dfrac{1}{2} + k_{12} + \dfrac{1}{4}$，$k_{12} = \dfrac{5}{4}$

所以 $F(s) = \dfrac{\frac{1}{2}}{s^2} + \dfrac{\frac{5}{4}}{s} + \dfrac{\frac{3}{4}}{s+2}$ ， $f(t) = \left(\dfrac{1}{2}t + \dfrac{5}{4} + \dfrac{3}{4}\mathrm{e}^{-2t}\right)u(t)$

通过取一些特殊值计算待定系数，只需要解方程，比求导什么的简单多啦！还有那些用通分，然后对应系数相等的，太烦琐了！"

拉普拉斯看着这个小徒弟，赞许地点了点头，内心欢喜不尽。

大师兄斯里兰卡说道："二师弟，你的这一套，他们在用傅里叶变换求冲激响应的时候已经用过了，没有什么新意，丝毫不能验证师父说的，傅氏反变换不好求、拉氏变换好求的问题。"

大家静静地看着大师兄，期待他继续说下去。

"其实答案就在拉氏反变换的表达式中：

$$f(t) = \frac{1}{\mathrm{j}2\pi} \int_{\sigma - \mathrm{j}\infty}^{\sigma + \mathrm{j}\infty} F(s)\mathrm{e}^{st}\mathrm{d}s$$

这是一个复积分，在复变函数中，由于可以使用留数定理，这个积分式的计算比定积分还简单。"

毛里求斯忍不住了。

"大师兄，师父早就说啦，现在许多工科院校的学生已经不学复变函数啦！"

斯里兰卡看了一眼三师弟，说道："的确，现在的许多教材已经删去了用留数定理求拉氏逆变换的内容。不过一些有名的大学这一段还是保留的。况且，对那些不学留数定理的学生，我们也要告诉他们，如果象函数是有理式，我们就可以用和傅氏反变换一样的方法，其他情况下，傅里叶他们没有办法的时候，我们还有留数定理。至于想学的同学可以去找相应的教材。"

众人纷纷点头，对大师兄的景仰又加了一分。

拉普拉斯赞许地看了一眼斯里兰卡，心想斯里兰卡是一个宝石富集的岛屿，世界前五名的宝石生产大国，被誉为"宝石岛"，不知能否指望这孩子继承自己的衣钵。他转过头来，对着大家说道："好吧，这样我们就完成了拉普拉斯变换基本理论的构建。后面，我们就要发挥拉氏变换在系统分析中的作用。大家都回去好好准备一下，下一回我们就来打造这一个系统分析的利器。"

欲知后事，请看第十八回：新珠妙计助拉翁　系统函数应运生。

第十八回
新珠妙计助拉翁　系统函数应运生

　　傅拉之战后，拉普拉斯意识到，一种方法仅有理论上的圆满是不够的，还必须有用，要能解决实际问题，尤其在有竞争的场合，要能比人家更有效地解决问题。

　　解决什么问题呢？要解决问题当然首先是要发现问题。

　　信号与系统课程中总共是三个问题：信号分析、系统分析、信号通过系统的响应求解。对信号分析来说，自己显然比不过傅氏变换。因为他的基本元 $\cos(\omega t)$，性质单纯，意义清晰，不同基本元间互不影响，能让人清晰地看出信号的结构，并方便对不同分量做不同的处理，在大学本科的层次上几乎是最好的信号分析工具，当然他的徒子徒孙们还会选择有其他针对性和良好性质的基本元，那是后话，学生们也要到研究生阶段才能学习。而自己的基本元 $e^{-\sigma t}\cos(\omega t)$ 就没有这么良好的性质。

　　看来，还是要从系统分析和信号通过系统的响应求解角度来入手。信号与系统课程中，研究系统的抓手就是电路。

　　他想到了新珠，于是他吩咐马尔维纳斯去把新老师请来。

　　新珠本不愿意趟这浑水，因为她认为傅里叶变换和拉普拉斯变换不是她所教课程的内容。但她经不起马尔维纳斯的软磨硬泡，二人一起驾春风来到了拉府。

　　拉普拉斯热情相迎，寒暄几句之后，二人直奔主题。

　　拉普拉斯首先说道："本派想在使用拉氏变换分析系统方面做出一些与傅

门不一样的创新工作。而在信号与系统课程里，系统主要就是指电路。新老师是教电路的名人，望能指点一二。"

新老师首先表达了对拉普拉斯的景仰和尊重。二人相差一百多岁，她做梦也想不到能有机会面对面进行学术交流。她说："信号与系统课程中所说的电路，就是由电源、电阻、电容和电感按某种联结方式组合在一起的一个网络。要对它进行分析，首先必须建立它的数学模型，这一点电路分析课程中是这么做的：

首先建立电路元件电阻、电容和电感上的端口伏安关系，然后，套用基尔霍夫电压或者电流定律列写电路方程，必要的时候还可以用等效分析法、网孔法、节点法或者齐次叠加定理等去简化分析过程，然后就可以得到电路的数学模型了。"

新珠顿了顿，看到拉普拉斯鼓励地点了点头，继续说道："拉老想用拉氏变换分析电路，就必须先把元件的伏安关系和基尔霍夫定律翻译到拉氏域，分析方法直接拿来用就可以了。反正同学们都已经学习过了。"

拉普拉斯一下来了兴致。

"那我们现在就可以做。电容元件的时域描述为：

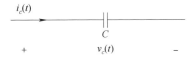

设电容两端的电压为 $v_c(t)$，通过它的电流为 $i_c(t)$。

根据电容元件的伏安特性，电容两端的电压为

$$v_c(t) = \frac{1}{C}\int_{-\infty}^{t} i_c(\tau)\mathrm{d}\tau = \frac{1}{C}\left[\int_{-\infty}^{0_-} i_c(\tau)\mathrm{d}\tau + \int_{0_-}^{t} i_c(\tau)\mathrm{d}\tau\right]$$

$$= v_c(0_-) + \frac{1}{C}\int_{0_-}^{t} i_c(\tau)\mathrm{d}\tau$$

其中，$v_c(0_-)$ 是电容两端在 0_- 时的起始电压。两端进行拉普拉斯变换，根据拉普拉斯变换的积分特性可以得到

$$V_c(s) = \frac{I_c(s)}{sC} + \frac{v_c(0_-)}{s}$$

所以电容元件的 s 域模型可以等效为一个值为 $\dfrac{v_c(0_-)}{s}$ 的电压源和一个初始储能为零的电容串联，形式如下。

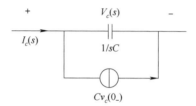

也可以将上式改写为电流源和导纳的形式，即

$$I_c(s) = sCV_c(s) + Cv_c(0_-)$$

其 s 域模型如下图所示。

若电容元件的初始储能为零，则 $V_c(s) = \dfrac{1}{sC}I_c(s)$，$I_c(s) = sCV_c(s)$，这时电容元件等效为一个容抗为 $\dfrac{1}{sC}$ 或导纳为 sC 的元件，这可以看作广义欧姆定律。

对电感元件

设它两端的电压为 $v_L(t)$，通过它的电流为 $i_L(t)$。

根据电感元件的伏安关系，可知

$$i_L(t) = \frac{1}{L}\int_{-\infty}^{t} v_L(\tau)\mathrm{d}\tau = \frac{1}{L}\left[\int_{-\infty}^{0-} v_L(\tau)\mathrm{d}\tau + \int_{0_-}^{t} v_L(\tau)\mathrm{d}\tau\right] = i_L(0_-) + \frac{1}{L}\int_{0_-}^{t} v_L(\tau)\mathrm{d}\tau$$

其中，$i_L(0_-)$ 是电感两端在 0_- 时的起始电流。对上式两端同时进行拉普拉斯变换，可得

$$I_L(s) = \frac{i_L(0_-)}{s} + \frac{V_L(s)}{sL}$$

亦即 $$V_L(s) = sLI_L(s) - Li_L(0_-)$$

电感元件的阻抗和导纳形式的 s 域模型如下图。

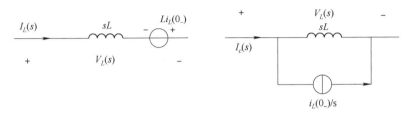

同样，在 $i_L(0_-) = 0$ 的情况下，也可以写为

$$V_L(s) = sLI_L(s), \quad I_L(s) = \frac{V_L(s)}{sL}$$

电阻元件的时域伏安特性为 $v_R(t) = i_R(t)R$，对其两端进行拉普拉斯变换，可得 $V_R(s) = I_R(s)R$，所以它的时域表示和 s 域模型如下图所示。

基尔霍夫定律中，直接将 t 换为 s 就是复频域形式了，这样是不是就可以在复频域中分析电路了？"

新珠开心地说："是的，拉老。您看到没有，这就是您比傅老有优势的地方。拉普拉斯变换可以考虑储能元件的初始状态，在电路模型中连同初始条件一起表示出来了，这是其他任何一种表示方式中都没有做到的，您在定义式中特别规定积分下限从 0_- 开始，这样在列写电路方程时就把电路的起始状态自动包括进来了。这就是您前面说的初始条件自动引入吧！"

拉普拉斯小心翼翼地问："那傅里叶变换是不是也有可能采用类似的方式处理初始状态呢？"

新珠肯定地说："不可能。因为傅里叶变换的积分下限是 $-\infty$，如果他也把积分下限规定为 0_-，那整个傅里叶变换的理论都要重新改写，并且也不会带来根本的好处，相信他不会这么做的，您就放心吧！"

拉普拉斯开心地笑了起来。

新珠说："我们来看一个例子吧!

例：时域电路如下图，$R=2\Omega$，$L=0.1\mathrm{H}$，$C=0.01\mathrm{F}$，$i(0_-)=1\mathrm{A}$，$v_c(0_-)=2\mathrm{V}$。

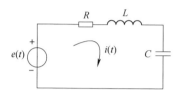

在系统的复频域模型中，电容用一个值为 $\dfrac{v_c(0_-)}{s}$ 的电压源和一个无初始储能、值为 $\dfrac{1}{sC}$ 的阻抗串联来替代，电感用值为 $-Li_L(0_-)$ 的电压源和一个无初始储能、值为 sL 的阻抗来替代，其他各参量用它们对应的 s 域参量替代。

由于 $i_L(t)=i(t)$，所以 $i_L(0_-)=i(0_-)=1\mathrm{A}$，$v_c(0_-)=2\mathrm{V}$

将给定的元件值代入，则 $\dfrac{1}{sC}=\dfrac{1}{s\times0.01}=\dfrac{100}{s}$ 　　$sL=s\times0.1=0.1s$

所以系统的 s 域模型如下图所示。

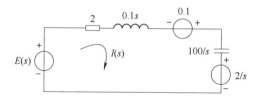

例子中电容的初始电压 $v_c(0_-)$ 和电感的初始电流 $i_L(0_-)$ 已经给出，如果没有给出，可以利用给出的其他起始条件求出，再画出 s 域模型。

根据系统的 s 域模型，可以很容易地列出系统 s 域方程，此时方程是一个代数方程……"

毛里求斯忍不住插话："如果系统是由微分方程给出的呢?"

只听柳海风嘲讽地说道："这不更简单吗?直接在方程两边取拉氏变换不就可以了。"

拉普拉斯皱了皱眉头，心想这家伙从哪里钻出来的？这年头，数学真的无处不在了，连数学老师都这么嚣张。

柳海风谁也不看，继续说道："只不过方程两边取拉氏变换跟取傅氏变换不同，不能光乘 s，还要按照微分性质代入起始条件，这样尽管很烦琐，但是也有好处，它同时表达了系统以及初始状态的条件，可以用公式表示出响应的各种分量，哪一部分分量跟系统的哪一部分有关一目了然。这可比时域分析时纠缠半天，还分不出响应分量高明多了。举个例子

$$\frac{\mathrm{d}^2 r(t)}{\mathrm{d}t^2} + 3\frac{\mathrm{d}r(t)}{\mathrm{d}t} + 2r(t) = \frac{\mathrm{d}e(t)}{\mathrm{d}t} + 3e(t), e(t) = \mathrm{e}^{-3t}u(t)，\quad r(0_-) = 1, r'(0_-) = 2，$$

求响应 $r(t)$ 时，就可以直接对微分方程两边取单边拉氏变换，有

$$[s^2 R(s) - sr(0_-) - r'(0_-)] + 3[sR(s) - r(0_-)] + 2R(s) = sE(s) + 3E(s)$$

$$(s^2 + 3s + 2)R(s) - [sr(0_-) + 3r(0_-) + r'(0_-)] = (s+3)E(s)$$

$$R(s) = \frac{s+3}{s^2 + 3s + 2} \times E(s) + \frac{sr(0_-) + 3r(0_-) + r'(0_-)}{s^2 + 3s + 2}$$

又 $e(t) = \mathrm{e}^{-3t}u(t) \leftrightarrow E(s) = \dfrac{1}{s+3}$

零状态响应的象函数为

$$R_{\mathrm{zs}}(s) = \frac{s+3}{s^2+3s+2} \times E(s) = \frac{s+3}{s^2+3s+2} \times \frac{1}{s+3} = \frac{1}{s^2+3s+2} = \frac{1}{s+1} - \frac{1}{s+2}$$

$$\therefore r_{\mathrm{zs}}(t) = (\mathrm{e}^{-t} - \mathrm{e}^{-2t})u(t)$$

零输入响应的象函数为

$$R_{\mathrm{zi}}(s) = \frac{sr(0_-) + 3r(0_-) + r'(0_-)}{s^2+3s+2} = \frac{s+5}{s^2+3s+2} = \frac{4}{s+1} - \frac{3}{s+2}$$

$$\therefore r_{\mathrm{zi}}(t) = (4\mathrm{e}^{-t} - 3\mathrm{e}^{-2t})u(t)$$

全响应为

$$r(t) = r_{\mathrm{zi}}(t) + r_{\mathrm{zs}}(t) = (4\mathrm{e}^{-t} - 3\mathrm{e}^{-2t})u(t) + (\mathrm{e}^{-t} - \mathrm{e}^{-2t})u(t) = (5\mathrm{e}^{-t} - 4\mathrm{e}^{-2t})u(t)。"$$

众人一看，果然，过程简单，意义明确，易学易用。除了变换时代入起始条件有点烦琐外，简直完美！大家向柳海风竖起了大拇指，纷纷感叹，这本书真是不错，愣是将一个教数学的老师培养成了信号与系统分析专家。

柳海风洋洋得意嘿嘿一笑，众人只听"扑"的一声响，只见他拔地而起，

"嗖"的一下飞走了。

拉普拉斯心生好感，看来数学老师很不错，有需要的时候能够自动上门提供服务，还没给报酬，自己就跑走了。

新珠也从对柳海风的赞叹中回过神来，对拉普拉斯说道："拉老，得到系统的复频域表示，根据已知求出响应都不是全部目的，由系统模型抽象出一个系统函数来作为系统的代表，根据它来研究系统的特性，那才是您拉氏变换的最高成就。"

"此话怎讲？"

新珠指着上面那个例子的这一部分

$$R(s) = \boxed{\frac{s+3}{s^2+3s+2}} \times E(s) + \frac{sr(0_-)+3r(0_-)+r'(0_-)}{s^2+3s+2}$$

说："拉老请看，在系统的输入输出关系中，这一部分与输入输出无关，但又决定着系统的输入输出关系，它就可以称为系统函数。它就是 LTI 系统冲激响应的拉氏变换。这个学生们都懂，它可以由微分方程，传输算子，频响函数等各种形式来得到，但能比其他形式的系统函数做更多的事情。"

拉普拉斯看着这个聪明又漂亮的电路老师，赞叹地说："真感谢你给了我们这么多启发。

新珠莞尔一笑，说道："拉老您还是多想想怎么样用系统函数研究系统特征吧！"

一阵香风飘过，新老师已经不见了。

欲知后事如何，请看第十九回：苦命鸳鸯入歧途　傅拉携手霸江湖。

第十九回
苦命鸳鸯入歧途　傅拉携手霸江湖

拉普拉斯得到了系统函数 $H(s)$，为拉氏变换搭建了理论新高度，正当他沉浸在幸福的喜悦中，准备大干一场的时候，巴基斯坦来报告了一个坏消息，不由得拉普拉斯怒火中烧。

"毛里求斯带着马尔维纳斯和系统函数 $H(s)$ 逃走了，而且很可能是逃到傅里叶家去了。"

原来巴基斯坦和毛里求斯一直都喜欢着马尔维纳斯，只是巴基斯坦囊中羞涩，一直没有勇气表明自己的心意，只是默默地、心存嫉妒地在暗处看着毛里求斯和马尔维纳斯越走越近。

毛里求斯就不一样，对谁都态度温和、彬彬有礼，颇得小师妹马尔维纳斯的欢心，二人就这样好起来了。

拉普拉斯发现了二人的恋情之后，认为他们还在求学期间，应以学业为重，不应该这么早恋爱，就狠狠地批评了他们，让他们斩断情丝，踏踏实实地做学问。

毛里求斯个性本就散漫，对屈居巴基斯坦之下，一直心存不满。这样一来，就不免萌生去意，怂恿马尔维纳斯偷出师父的绝技，准备出去单干。但天下虽大，却也容不得这乳臭未干的半大孩子，二人嘀咕半天，觉得还是投到傅氏门下，委屈几年再说。哪想到巴基斯坦一直在暗中盯着他们，这不刚进了傅家的门就被巴基斯坦发现了。

这也说明毛里求斯他们没有读过金庸的《射雕英雄传》，小说中的陈玄风和梅超风二人就是这么做的，但后来下场极惨。

拉普拉斯大光其火，二人的行为招来一众弟子痛骂。这且按下不表，就说毛里求斯和马尔维纳斯拜见傅里叶，说明来意后呈上 $H(s)$，金枝玉叶首先发难。

"哟，这见面礼！这 $H(s)$ 有什么稀罕呀？我们的 $H(j\omega)$ 中把 $j\omega$ 换成 s，不就一样了吗？"

马尔维纳斯眼泪汪汪地说："不一样的。表面上看 $H(j\omega)$ 中换 $j\omega$ 为 s 即可得到 $H(s)$，但实际上，它只相当于一个变量的两个一元函数（模和辐角），而 s 是复数，相当于两个实数，因此，$H(s)$ 比 $H(j\omega)$ 有更强的表现力。比如，由 $H(j\omega)$ 可以看出系统对每一个频率分量的作用效果，但无法直接推断出系统对激励的整体作用情况，也就不能判断出系统的整体特性，进一步来说，当所研究的系统阶数比较低时，我们可以求出系统的冲激响应，但当系统阶数比较高，比如 5 阶以上时，一般系统的冲激响应是求不出来的。因为数学家伽罗瓦证明 5 次以上的代数方程没有解析解。也就是说，对一个含有 5 个以上独立动态元件的电路，即使写出了它的微分方程，拉氏变换后也会得到一个 5 次以上的代数方程，一般情况下是没有办法对它分解求根的，即没有办法研究它的系统特性。尽管一百年后人们可以利用计算机采用数值计算的方法求解，但现在，最好的办法就是我们拉氏变换提供的方法，根据系统函数的零极点位置判断系统特性，而且，有些时候也仅需要画一个零极点图就满足需要了，不需要求解系统。要不先让我师哥介绍一下零极点图的概念吧。"

毛里求斯虽不情愿，但对小师妹的话还是言听计从的。他说："对于集总参数线性时不变系统，它的系统函数可以写为两个多项式之比 $H(s) = \dfrac{N(s)}{D(s)}$，其中 $N(s)$ 的根称为 $H(s)$ 的零点，$D(s)$ 的根称为 $H(s)$ 的极点。单根称为单极点，重根称为重极点。在 s 平面上，用○代表零点，×代表极点，这样就可以画出系统函数的零极点图，而这也可以看成是系统的几何表示（差一个常数）。比如，某系统函数为 $H(s) = 5\dfrac{s(s-1)}{(s+2)^2(s+1+j2)(s+1-j2)}$，它的极点位于

$$\begin{cases} s = -2 & \text{(二阶)} \\ s = -1 + j2 & \text{(一阶)} \\ s = -1 - j2 & \text{(一阶)} \end{cases}$$

零点位于

$$\begin{cases} s = 0 & \text{(一阶)} \\ s = 1 & \text{(一阶)} \end{cases}$$

下图就是这个系统函数的零极点图（几何表示）。

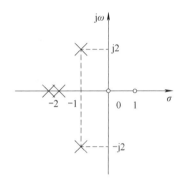

各位觉得怎么样？"

众人一看系统还可以用这种图来表示，清晰直观而且除了相差一个常数外完全一样，纷纷来了兴趣，都凑了过来。毛里求斯受到鼓舞，继续说道：

"系统的全响应可以分解为零输入响应和零状态响应，也可以分解为自由响应和强迫响应，以及暂态响应和稳态响应。从 s 域分析法来获得系统的零输入和零状态响应比较简单，无须多说，下面请大家看一看如何从 s 域分析法中获得系统的自由响应和强迫响应。

系统的自由响应包含零输入响应和零状态响应的一部分，而系统的强迫响应是零状态响应的一部分，所以需要对零状态响应做进一步分析。

设系统函数为 $H(s)$，激励 $e(t)$ 的拉氏变换为 $E(s)$，利用 s 域卷积定理，零状态响应的拉氏变换 $R(s) = H(s)E(s)$。设

$$H(s) = \frac{b_m s^m + b_{m-1} s^{m-1} + \cdots + b_1 s + b_0}{a_n s^n + a_{n-1} s^{n-1} + \cdots + a_1 s + a_0}$$

$$= K_1 \frac{(s-z_m)(s-z_{m-1})\cdots(s-z_1)}{(s-p_n)(s-p_{n-1})\cdots(s-p_1)} = K_1 \frac{\prod\limits_{j=1}^{m}(s-z_j)}{\prod\limits_{i=1}^{n}(s-p_i)}$$

其中，$H(s)$ 中分母多项式的根 $p_i(i=1,2,\cdots,n)$ 即为 $H(s)$ 的极点；$H(s)$ 中分子多项式的根 $z_j(j=1,2,\cdots,m)$ 为 $H(s)$ 的零点。同样

$$E(s) = \frac{d_l s^l + d_{l-1}s^{l-1} + \cdots + d_1 s + d_0}{c_k s^k + c_{k-1}s^{k-1} + \cdots + c_1 s + c_0}$$

$$= K_2 \frac{(s-z_l)(s-z_{l-1})\cdots(s-z_1)}{(s-p_k)(s-p_{k-1})\cdots(s-p_1)} = K_2 \frac{\prod\limits_{v=1}^{l}(s-z_v)}{\prod\limits_{u=1}^{k}(s-p_u)}$$

其中，z_l 和 p_k 分别代表激励信号的零点和极点。

所以系统的零状态响应为

$$R(s) = H(s)E(s) = K_1 K_2 \frac{\prod\limits_{j=1}^{m}(s-z_j)}{\prod\limits_{i=1}^{n}(s-p_i)} \cdot \frac{\prod\limits_{v=1}^{l}(s-z_v)}{\prod\limits_{u=1}^{k}(s-p_u)}$$

假设 $H(s)$ 和 $E(s)$ 的极点均为单极点且二者没有相同极点，则 $R(s)$ 可以表示为

$$R(s) = \sum_{i=1}^{n} \frac{A_i}{s-p_i} + \sum_{u=1}^{k} \frac{A_u}{s-p_u}$$

其反变换为

$$r(t) = \sum_{i=1}^{n} A_i \mathrm{e}^{p_i t} u(t) + \sum_{u=1}^{k} A_u \mathrm{e}^{p_u t} u(t)$$

这表明，系统零状态响应的形式由系统函数极点和激励的极点共同决定。其中系统函数极点决定的那部分是自由响应的一部分，它的形式与激励无关，但系数 A_i 与激励有关，由激励极点决定的那部分是强迫响应，它的系数 A_u 与系统结构有关。

举个例子，系统微分方程 $\dfrac{\mathrm{d}^2 r(t)}{\mathrm{d}t^2} + 3\dfrac{\mathrm{d}r(t)}{\mathrm{d}t} + 2r(t) = \dfrac{\mathrm{d}e(t)}{\mathrm{d}t} + 3e(t)$，激励

$e(t)=u(t)$，起始状态 $r(0_-)=1$，$r'(0_-)=2$，对题目中的微分方程两边同时进行拉氏变换，可得

$$s^2R(s)-sr(0_-)-r'(0_-)+3sR(s)-3r(0_-)+2R(s)=sE(s)-e(0_-)+3E(s)$$

整理上式可得

$$(s^2+3s+2)R(s)=[sr(0_-)-r'(0_-)+3r(0_-)]+(s+3)E(s)$$

$$R(s)=\frac{sr(0_-)+r'(0_-)+3r(0_-)}{s^2+3s+2}+\frac{s+3}{s^2+3s+2}E(s)$$

上式中前一项与激励无关，所以它的逆变换为零输入响应，后一项与系统起始状态无关，它的逆变换即为零状态响应。

$$R_{zi}(s)=\frac{sr(0_-)+r'(0_-)+3r(0_-)}{s^2+3s+2}=\frac{s+5}{s^2+3s+2}=\frac{4}{s+1}+\frac{-3}{s+2}$$

零输入响应为 $\qquad r_{zi}(t)=(4e^{-t}-3e^{-2t})u(t)$

$$R_{zs}(s)=\frac{s+3}{s^2+3s+2}\cdot\frac{1}{s}=\frac{-2}{s+1}+\frac{0.5}{s+2}+\frac{1.5}{s}$$

零状态响应为 $\qquad r_{zs}(t)=(1.5-2e^{-t}+0.5e^{-2t})u(t)$

全响应为 $r(t)=r_{zs}(t)+r_{zi}(t)=(1.5+2e^{-t}-2.5e^{-2t})u(t)$

系统完全响应的拉氏变换为 $R(s)=\frac{2}{s+1}+\frac{-2.5}{s+2}+\frac{1.5}{s}$

自由响应的形式由系统的极点来决定，而强迫响应的形式由激励的极点来决定。所以自由响应为 $(2e^{-t}-2.5e^{-2t})u(t)$，强迫响应为 $1.5u(t)$。

瞬态响应是指激励信号接入以后，完全响应中瞬时出现的有关成分将会随着 t 增大而消失，所以瞬态响应为 $(2e^{-t}-2.5e^{-2t})u(t)$，而稳态响应 $1.5u(t)$ 随着 t 增大并不消失。"

众人一看，不由啧啧称奇。这的确是傅里叶变换形式的系统函数做不到的。毛里求斯越说越得意，越说越兴奋："我们还可以讨论 $H(s)$ 在 s 平面上的零、极点分布位置与其反变换，即时域冲激响应 $h(t)$ 的关系，并由此对系统进行更多的研究。

1. $H(s)$ 的极点与 $h(t)$ 的关系

$H(s)$ 与 $h(t)$ 是一对拉氏变换，所以只要知道 $H(s)$ 在 s 平面上的零、极点分布情况，就可以知道系统冲激响应 $h(t)$ 的变化规律。假设 $H(s)$ 的所有极点均

为单极点且 $m < n$，则

$$H(s) = \frac{N(s)}{D(s)} = K\frac{(s-z_1)(s-z_2)\cdots(s-z_m)}{(s-p_1)(s-p_2)\cdots(s-p_n)}$$

利用部分分式展开

$$H(s) = K\frac{\prod_{j=1}^{m}(s-z_j)}{\prod_{i=1}^{n}(s-p_i)} = \sum_{i=1}^{n}\frac{A_i}{s-p_i}$$

式中，$p_i = \sigma_i + j\omega_i$。

对应的单位冲激响应为

$$h(t) = \sum_{i=1}^{n}A_i e^{p_i t}u(t) = \sum_{i=1}^{n}h_i(t)$$

由此不难得出 $h_i(t)$ 与 $h(t)$ 的变化规律。

以 $j\omega$ 虚轴为界，将 s 平面分为左半平面与右半平面。下面详细讨论不同位置的极点与 $h_i(t)$ 函数形式的对应关系。以下两个表分别给出了一阶极点和二阶极点对应的情况。

$p_i = \sigma_i + j\omega_i$ 为一阶极点

极点的实部	极点在 s 平面位置	时间增长时 $h_i(t)$ 变化情况	函 数 形 式
$\sigma_i > 0$	右半平面	$h_i(t)$ 随时间增长而增长	增长的指数函数 $Ke^{\sigma_i t}u(t)$
$\sigma_i < 0$	左半平面	$h_i(t)$ 随时间增长而衰减	衰减的指数函数 $Ke^{\sigma_i t}u(t)$
$\sigma_i = 0$	原点（$\omega_i = 0$）	$h_i(t)$ 不随时间变化	阶跃信号 $Ku(t)$
	虚轴上（不包含原点）	$h_i(t)$ 对应于等幅振荡	正弦信号 $K\sin(\omega_i t + \theta)$

$p_i = \sigma_i + j\omega_i$ 为二阶极点

极点的实部	极点在 s 平面位置	时间增长时 $h_i(t)$ 变化情况	函 数 形 式
$\sigma_i > 0$	右半平面	$h_i(t)$ 随时间增长而增长	增长的指数函数 $Kte^{\sigma_i t}u(t)$
$\sigma_i < 0$	左半平面	$h_i(t)$ 随时间增长而衰减	衰减的指数函数 $Kte^{\sigma_i t}u(t)$
$\sigma_i = 0$	原点（$\omega_i = 0$）	$h_i(t)$ 随时间增长而增长	阶跃信号 $Ktu(t)$
	虚轴上（不包含原点）	$h_i(t)$ 对应于增幅振荡	正弦信号 $Kt\sin(\omega_i t + \theta)$

高阶极点的情况和二阶极点类似。

从上述两个表可以看出，当系统函数 $H(s)$ 的全部极点都在左半平面（$\sigma_i < 0$）时，$h(t)$ 随时间增长而衰减并最终趋于零；系统函数 $H(s)$ 有极点在虚轴及右半平面（$\sigma_i > 0$）时，$h(t)$ 不随时间增长而消失。也就是说，根据系统函数 $H(s)$ 的极点在 s 平面上的位置，便可确定 $h(t)$ 的函数形式。

上述讨论的 s 域象函数的极点分布与时域信号的对应关系并不是系统函数 $H(s)$ 所独有的，事实上，任何一个 s 域象函数与它的时域信号之间都有这种对应关系。因此，响应象函数 $R(s)$ 的极点分布决定了响应的时域表达式 $r(t)$ 的函数形式。

响应 $r(t)$ 可分为自由响应和强迫响应。响应象函数 $R(s)$ 的极点来自于 $H(s)$ 和激励象函数 $E(s)$。我们知道，当 $H(s)$ 的零点与极点互不相同时，$H(s)$ 的极点就是系统微分方程的特征根，而微分方程的特征根决定了系统齐次解（自由响应）的函数形式。因此 $H(s)$ 的极点决定了系统自由响应的函数形式；同样，激励象函数 $E(s)$ 的极点也决定了强迫响应的函数形式。

2．$H(s)$ 的零点与 $h(t)$ 的关系

$H(s)$ 的零点的分布主要影响时域函数的幅度和相位。

举个例子，系统函数分别为 $H_1(s) = \dfrac{4}{(s+1)^2 + 4}$，$H_2(s) = \dfrac{s+1}{(s+1)^2 + 4}$，$H_3(s) = \dfrac{(s+1)^2}{(s+1)^2 + 4}$，分析它们时域信号的区别。

解　$H_1(s) = \dfrac{4}{(s+1)^2 + 4}$ 对应的时域信号为

$$h_1(t) = 2\mathrm{e}^{-t}\sin(2t)u(t) = 2\mathrm{e}^{-t}\cos\left(2t - \frac{\pi}{2}\right)u(t)\,;$$

$H_2(s) = \dfrac{s+1}{(s+1)^2 + 4}$ 对应的时域信号为

$$h_2(t) = \mathrm{e}^{-t}\cos(2t)u(t)\,;$$

$H_3(s) = \dfrac{(s+1)^2}{(s+1)^2 + 4} = 1 - \dfrac{4}{(s+1)^2 + 4}$ 对应的时域信号为

$$h_3(t) = \delta(t) + 2\mathrm{e}^{-t}\sin(2t)u(t) = \delta(t) + 2\mathrm{e}^{-t}\cos\left(2t - \frac{\pi}{2}\right)u(t)\,.$$

三个系统函数的极点完全相同，只有零点不同，分析对应的三个时域信号，可以看出，前两个信号的函数形式是完全一样的，只有幅度和相位不同。第三个时域信号除了包含与前两个时域信号的函数形式完全一样但幅度和相位不同的分量外，还多了一个冲激信号，原因是 $H_3(s)$ 零点和极点个数一样多。

由上述分析可以得出，系统函数 $H(s)$ 的极点分布决定 $h(t)$ 的函数形式，而 $H(s)$ 的零点分布主要影响 $h(t)$ 的幅度和相位，零点个数还决定 $h(t)$ 中是否有冲激信号和冲激信号的各阶导数。"

毛里求斯顿了一下，小心翼翼地说："系统函数的零极点还可以反映出系统频率特性的某种性质。

系统的'频率特性'是指正弦信号激励下系统的稳态响应与频率的关系。常常用'幅频特性'和'相频特性'来描述。'幅频特性'描述系统的正弦稳态响应振幅与频率之间的关系；'相频特性'描述系统的正弦稳态响应相位与频率之间的关系。

以正弦信号的频率 ω 为变量，代入 $H(s)$ 之后，可以直接得到系统频率特性，即系统函数 $H(j\omega)$。

$$H(s)\big|_{s=j\omega} = H(j\omega) = |H(j\omega)| e^{j\varphi(\omega)}$$

$|H(j\omega)|$ 称为幅频特性，$\varphi(\omega)$ 称为相频特性。

利用系统的零点和极点可以定性分析系统的频率特性，绘制出简单系统的幅频特性曲线和相频特性曲线。

系统函数的一般式可以写为

$$H(s) = H_0 \frac{(s-z_1)(s-z_2)\cdots(s-z_m)}{(s-p_1)(s-p_2)\cdots(s-p_n)} = H_0 \frac{\prod_{i=1}^{m}(s-z_i)}{\prod_{j=1}^{n}(s-p_j)}$$

式中，z_i、p_j 分别为系统的零点和极点。令 $s=j\omega$，即变量 s 在 s 平面上沿虚轴 $s=j\omega$ 移动。

$$H(j\omega) = H(s)\big|_{s=j\omega} = H_0 \frac{(j\omega-z_1)(j\omega-z_2)\ldots(j\omega-z_m)}{(j\omega-p_1)(j\omega-p_2)\ldots(j\omega-p_n)}$$

$$= H_0 \frac{\prod_{i=1}^{m}(j\omega - z_i)}{\prod_{j=1}^{n}(j\omega - p_j)}$$

式中，分子和分母中的每一因式均为复数，可以用一矢量来表示。因式 $(j\omega - z_i)$ 相当于从零点指向虚轴上某点 $j\omega$ 的矢量，所以称为零点矢量；因式 $(j\omega - p_j)$ 相当于从极点指向虚轴上某点 $j\omega$ 的矢量，所以称为极点矢量。

零点矢量 $(j\omega - z_i)$ 和极点矢量 $(j\omega - p_j)$ 可分别用极坐标的形式表示为

$$(j\omega - z_i) = N_i e^{j\alpha_i}$$

$$(j\omega - p_j) = M_j e^{\beta_j}$$

其中，N_i 和 M_j 分别为零点、极点矢量的模；α_i 和 β_j 分别为零点、极点矢量的辐角（即矢量与正实轴的夹角），如下图所示。

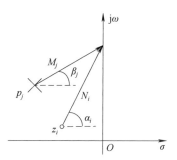

此时有

$$H(j\omega) = H_0 \frac{N_1 e^{j\alpha_1} N_2 e^{j\alpha_2} \cdots N_m e^{j\alpha_m}}{M_1 e^{j\beta_1} M_2 e^{j\beta_2} \cdots M_n e^{j\beta_n}}$$

$$= H_0 \frac{N_1 N_2 \cdots N_m}{M_1 M_2 \cdots M_n} e^{j[(\alpha_1 + \alpha_2 + \cdots + \alpha_m) - (\beta_1 + \beta_2 + \cdots + \beta_n)]}$$

$$= |H(j\omega)| e^{j\varphi(\omega)}$$

其中

$$|H(j\omega)| = H_0 \frac{N_1 N_2 \cdots N_m}{M_1 M_2 \cdots M_n}$$

$$\varphi(\omega) = (\alpha_1 + \alpha_2 + \cdots + \alpha_m) - (\beta_1 + \beta_2 + \cdots + \beta_n)$$

可见，系统的幅频特性 $|H(\mathrm{j}\omega)|$ 只由常数 H_0、零点矢量和极点矢量的模决定，与矢量的辐角无关；而相频特性 $\varphi(\omega)$ 只由零点矢量和极点矢量的辐角决定，而与矢量的模无关。

当 s 在 s 平面上沿虚轴 $s = \mathrm{j}\omega$ 移动，即频率 ω 变化时，零点矢量和极点矢量的模和辐角都会相应发生变化。不失一般性，只讨论频率为正的情形。当 ω 从 0 到 ∞ 变化时，逐点得到 $|H(\mathrm{j}\omega)|$ 和 $\varphi(\omega)$，就可绘出系统的幅频特性曲线和相频特性曲线。当系统比较简单时，可以用这种方法定性地对系统的幅频特性和相频特性进行分析。

例如，用零点矢量和极点矢量分析 RC 高通滤波器（下图）的频率特性 $H(\mathrm{j}\omega) = \dfrac{U_\mathrm{o}(\mathrm{j}\omega)}{U_\mathrm{i}(\mathrm{j}\omega)}$。

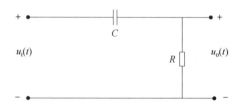

解

$$H(s) = \frac{U_\mathrm{o}(s)}{U_\mathrm{i}(s)} = \frac{R}{R + \dfrac{1}{Cs}} = \frac{s}{s + \dfrac{1}{RC}}$$

该系统有一个零点和一个极点。零点 $z_1 = 0$，极点 $p_1 = -\dfrac{1}{RC}$。零点矢量和极点矢量如下图。$H_0 = 1$，利用零点矢量和极点矢量，可得

$$H(s)\big|_{s=\mathrm{j}\omega} = H(\mathrm{j}\omega) = H_0 \frac{N_1 \mathrm{e}^{\mathrm{j}\alpha_1}}{M_1 \mathrm{e}^{\mathrm{j}\beta_1}} = \frac{N_1}{M_1} \mathrm{e}^{\mathrm{j}(\alpha_1 - \beta_1)}$$

幅频特性为 $|H(\mathrm{j}\omega)| = \dfrac{N_1}{M_1}$，相频特性为 $\varphi(\omega) = \alpha_1 - \beta_1$，下面分析当 ω 从 0 到 ∞ 变化时，$H(\mathrm{j}\omega)$ 的变化情况。

1）当 $\omega = 0$ 时，$N_1 = 0$，$M_1 = \dfrac{1}{RC}$，所以 $|H(\mathrm{j}\omega)| = \dfrac{N_1}{M_1} = 0$；$\alpha_1 = 90°$，$\beta_1 = 0$，$\varphi(\omega) = \alpha_1 - \beta_1 = 90°$。

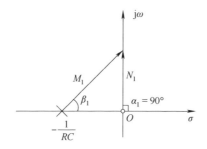

2）当 $\omega = \dfrac{1}{RC}$ 时，$N_1 = \dfrac{1}{RC}$，$M_1 = \dfrac{\sqrt{2}}{RC}$，所以 $\left|H(\mathrm{j}\omega)\right| = \dfrac{N_1}{M_1} = \dfrac{1}{\sqrt{2}}$；$\alpha_1 = 90^\circ$，$\beta_1 = 45^\circ$，$\varphi(\omega) = \alpha_1 - \beta_1 = 45^\circ$。

3）当 ω 趋于 ∞ 时，N_1 和 M_1 趋于相等，所以 $\left|H(\mathrm{j}\omega)\right| = \dfrac{N_1}{M_1} = 1$；$\alpha_1 = 90^\circ$，$\beta_1$ 趋于 90°，$\varphi(\omega) = \alpha_1 - \beta_1$ 趋于 0。

由上述分析，可得系统的幅频特性曲线和相频特性曲线如下。

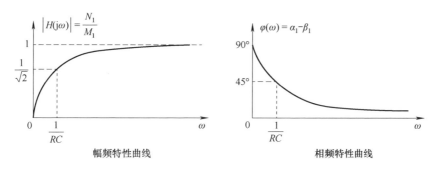

幅频特性曲线　　　　　　　　　　　相频特性曲线

从幅频特性曲线上可以看出，此 RC 电路对输入频率较高的信号有较大的输出，而对输入频率较低的信号则衰减较大。即高频信号容易通过此电路，所以该 RC 电路可以作为高通滤波器。由于该电路是一阶电路，所以又称为一阶 RC 高通滤波器。

当 $\omega = \omega_c = \dfrac{1}{RC}$ 时，该高通滤波器的幅频特性值为最大值的 $\dfrac{1}{\sqrt{2}}$，即

$$\left|H(\mathrm{j}\omega_c)\right| = \dfrac{1}{\sqrt{2}}\left|H(\mathrm{j}\omega)\right|_{\max}$$

当 $\omega > \omega_c$ 时，输出信号的幅度值不小于最大输出信号幅度值的

$\dfrac{1}{\sqrt{2}} \approx 70.7\%$，由于系统的输出功率与输出电压或电流的二次方成正比，高通滤波器输出功率不小于最大输出功率的一半，因此，ω_c 被称为该高通滤波器的半功率点频率，又称之为该高通滤波器的截止频率。

由此可以看出，系统的幅频特性和相频特性是由零点和极点共同决定的。

实际上，上述方法只能对简单系统进行分析。对于比较复杂的系统，由于零点矢量和极点矢量都比较多，各零点矢量和极点矢量相对频率的变化规律并不直观，用上述方法分析系统的幅频特性曲线和相频特性曲线将会非常复杂。这时，可以通过编写 MATLAB 程序方便地得到一般系统的频率特性曲线。

例如，某系统函数为 $H(s) = \dfrac{s^2 + 6s + 8}{s^3 + 5s^2 + 4s + 3}$，试画出该系统的幅频特性曲线和相频特性曲线。

解： 用 MATLAB 编写如下程序。

```
a=[0 1 6 8];%分子多项式系数
b=[1 5 4 3];%分母多项式系数
w=linspace(0,10);
c=freqs(a,b,w);%系统频率特性
mag=abs(c);%幅频特性
pha=angle(c);%相频特性
subplot(2,1,1); %画幅频特性曲线
plot(w,mag);
title('系统频率响应');
xlabel('频率');
ylabel('振幅');
subplot(2,1,2); %画相频特性曲线
plot(w,pha);
xlabel('频率');
ylabel('相位');
```

运行程序可得下图所示的频率响应曲线

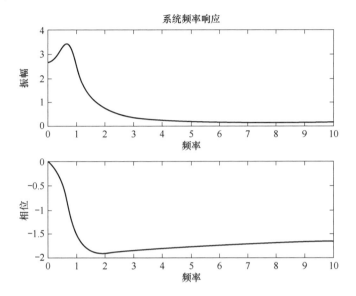

可以看出该系统具有低通滤波器特性。"

毛里求斯冷不丁地露了这么一手，傅里叶和他的小伙伴们都惊呆了，纷纷问道："MATLAB 是个什么玩意儿？"毛里求斯得意地说："这是 21 世纪的大学生必须掌握的一项基本功，现在解释不清楚。"

众人惊讶不已的脸上呈现出对未来的向往，毛里求斯继续说："根据零极点分布，可以分析无线电技术中常用的二阶谐振系统，研究所谓的全通网络等。这些在郑君里的教材中都有详细的分析介绍。这里不多说了，最后再说明一下线性系统的稳定性。

系统稳定性是工程应用中非常重要的一个概念，是系统自身的性质之一，系统是否稳定与激励信号的情况无关。冲激响应 $h(t)$、系统函数 $H(s)$ 从时域和 s 域两方面表征了同一系统的本性，所以系统的稳定性可以通过时域和 s 域进行分析。

1．系统的稳定性及条件

对于系统的稳定性，常见的有以下两种判断方法。

第一种判断方法主要根据 $h(t)$ 变化情况或 $H(s)$ 极点位置来划分，将系统分为三种情况。

1）稳定系统：$H(s)$的全部极点位于s左平面且不在虚轴上，此时$h(t)$满足
$$\lim_{t\to\infty} h(t) = 0$$

2）不稳定系统：$H(s)$有极点位于s右平面或在虚轴上有二阶及以上极点，此时$h(t)$随着时间的增加而增长。

3）临界稳定系统：$H(s)$有极点位于s平面虚轴上且只有一阶极点，此时$h(t)$随着时间的增加将趋于等幅振荡或一个常数。

第二种判断方法的依据是，对于有限（有界）激励只能产生有限（有界）响应的系统称为稳定系统，否则，称为非稳定系统。这种稳定又称为有界输入有界输出（BIBO）稳定。

判断系统（BIBO）稳定的一个充分必要条件是，该系统的冲激响应$h(t)$绝对可积，即存在正数M，使得
$$\int_0^\infty |h(\tau)|\mathrm{d}\tau < M$$

先证充分性。对线性时不变系统，若激励函数有界，即存在正数M_e，使
$$|e(t)| \leqslant M_e, \quad 0 \leqslant t < \infty$$

由$r(t) = h(t) * e(t)$，得
$$|r(t)| = \left|\int_0^\infty h(\tau)e(t-\tau)\mathrm{d}\tau\right| \leqslant \int_0^\infty |h(\tau)|\cdot|e(t-\tau)|\mathrm{d}\tau \leqslant M_e\int_0^\infty |h(\tau)|\mathrm{d}\tau$$

如果$h(t)$满足$\int_0^\infty |h(\tau)|\mathrm{d}\tau < M$，则有
$$|r(t)| \leqslant M_e M, \quad 0 \leqslant t < \infty$$

即响应有界。

再证必要性，用反证法，假设$\int_0^\infty |h(\tau)|\mathrm{d}\tau$无界，则存在如下的有界激励
$$e(-t) = \mathrm{sgn}(h(t)) = \begin{cases} 1, & h(t) > 0 \\ -1, & h(t) < 0 \end{cases}$$

对$r(t) = h(t) * e(t) = \int_0^\infty h(\tau)e(t-\tau)\mathrm{d}\tau$，令$t = 0$，则
$$r(0) = \int_0^\infty h(\tau)e(-\tau)\mathrm{d}\tau = \int_0^\infty |h(\tau)|\mathrm{d}\tau$$

这说明至少有一个特定的有界激励会产生无界的响应，与系统 BIBO 稳定

矛盾。必要性得证。

如果冲激响应是绝对可积的，则当 t 趋于无限大时，它应趋于零，即 $\lim\limits_{t\to\infty} h(t) = 0$。

实际上，第一种判断方法下的稳定和 BIBO 稳定对应；而第一种判断方法下的非稳定和临界稳定都对应于 BIBO 不稳定。临界稳定一般难以保持，系统条件稍有变化，就会转变成稳定或不稳定。在以下分析中，将其划入不稳定。

2. 系统的稳定性与系统函数分母多项式系数的关系

下面讨论稳定系统的 s 域系统函数 $H(s)$ 中，其分母多项式的系数具有的性质。

在系统函数 $H(s) = \dfrac{N(s)}{D(s)} = \dfrac{b_m s^m + b_{m-1} s^{m-1} + \cdots + b_1 s + b_0}{a_n s^n + a_{n-1} s^{n-1} + \cdots + a_1 s + a_0}$ 中，分子和分母的

系数都为实数。对于稳定系统，它的极点应位于 s 平面的左半平面，因此方程 $D(s) = 0$ 的根的实部应为负值。如果有实数根，则 $D(s)$ 中含有因式

$$(s + a), \qquad a > 0;$$

如果有共轭复数根，则 $D(s)$ 中含有因式

$$(s + \alpha + \mathrm{j}\beta)(s + \alpha - \mathrm{j}\beta)$$
$$= (s + \alpha)^2 + \beta^2 = s^2 + 2\alpha s + (\alpha^2 + \beta^2)$$
$$= s^2 + cs + d$$

显然，共轭复数根必须成对出现，否则不能保证系统 c、d 为实数。又因为根的实部必为负值，因此 $a > 0$，所以 c、d 必为正值。

综上所述，若对稳定系统的 $D(s)$ 多项式进行因式分解，只有 $(s+a)$、$(s^2 + cs + d)$ 两种情况，且 a、c、d 都为正值。将这两类因式相乘后，得到的多项式系数必然也为正值，并且系数都不能为 0。因此，对于稳定系统 $D(s)$ 多项式的系数，可以得到如下结论。

1）$D(s)$ 多项式的系数全部为正实数。

2）$D(s)$ 多项式从 s 的最高次幂依次排到最低次幂无缺项。

必须注意的是，上述条件都只是系统稳定的必要条件，并不是充分条件，只能对给定 $H(s)$ 系统的稳定性做出初步判断。当然，如果系统为一阶、二阶

系统时，上述条件就变成充分必要条件了。举例如下。

已知系统函数如下所示，分别判断它们是否为稳定系统。

（1）$H_1(s) = \dfrac{s^2 + 2s + 1}{2s^3 + 3s^2 - 3s - 2}$

（2）$H_2(s) = \dfrac{s^2 + s + 1}{2s^2 + 7s + 9}$

（3）$H_3(s) = \dfrac{s^2 + 4s + 2}{3s^3 + s^2 + 2s + 8}$

（4）$H_3(s) = \dfrac{s^2 + 4s + 2}{3s^3 + 5s + 2}$

解　（1）$H_1(s)$ 分母多项式有负系数，所以是非稳定系统。

（2）$H_2(s)$ 分母多项式系数全部大于 0，且为二阶系统，所以是稳定系统。

（3）$H_3(s)$ 分母多项式系数全部大于 0，但不是二阶系统，所以系统是否稳定还需要进一步判断。

（4）$H_4(s)$ 分母多项式中缺 s^2 项，所以系统是不稳定的。

当 $H(s)$ 满足稳定系统的必要条件后，要判断 $H(s)$ 极点的具体位置，需要求 $H(s)$ 分母多项式方程 $D(s) = 0$ 的根。对于高阶系统，这是不容易的。罗斯-霍维茨给出了一种方法，它不需要解出 $D(s) = 0$ 的根，就可判断根的实部是否都小于零。这个方法是操作性的，没有什么技术含量，大家可以在任何一本教材中找到。"

傅家众人一看，果然这里有许多 $H(j\omega)$ 做不到的事，觉得要是真的能把自己家的东西和这个结合起来，信号与系统分析就无往而不利了。自己这一门就会成为天下盟主，内心里都希望能把他们留下来。金枝玉叶撒娇似地对傅里叶说道："师父，就把他们留下来吧。"

傅里叶望着这一对楚楚可怜的苦命鸳鸯，微笑着说道："孩子啊，这 $H(s)$ 的确厉害，的确是对我们傅氏变换的良好补充。但是，你们应该知道，它并不属于我，也只部分地属于你们。我赞赏拉普拉斯的工作，尊重你们的爱情，但是我不赞成你们的行为。

你们偷了师父的东西逃跑，这是一种可耻的行为。用别人的东西为自己挣前程是更加可耻的行为。就算是你们的师父责备了你们，你们也不应该这样伤害他。不管怎么说，他的出发点并不是要伤害你们，再者说，如果我收了你们，那我是不是从此就不能批评你们？一旦我忍不住责备了你们，你们会不会也偷了我的东西跑到别人家呢？"

毛里求斯刚想辩解，傅里叶摆了摆手，继续说道："这样吧，我把你们送回去，替你们在拉叔面前说几句好话，拉叔看在我的面子上，会原谅你们的。这事就当没有发生过，好吧？"

二人对视了一眼，意识到原先的目的不可能实现了，现下这是最好的结果了，于是同声说道："感谢傅老师，请傅老师成全。"

傅里叶哈哈一笑，说："好吧，我们这就出发。"

话说拉普拉斯本来就不是立场坚定的人，又有傅里叶讲情，当即表示原谅这两个孩子，但也对马尔维纳斯失去了爱心，就以送学为名，把她送到了英国皇家科学院牛顿处代为培养，毛里求斯自觉无趣，也就不辞而别、不知所踪了。

拉普拉斯和傅里叶商定，把两个变换合称为变换域分析方法，一起加入信号与系统课程。从而为模拟信号处理建立了具有绝对地位的信号与系统分析利器。

结果自然是前嫌尽释，皆大欢喜。拉普拉斯置酒庆贺，一时间觥筹交错，相互恭维，热闹非凡，其乐融融。正值酣处，半空中突然传来一阵笑声：

"呵呵呵呵……你们不知道现代电子计算机只能处理数字信号吗？你们只有分析模拟信号和连续时间系统的工具，又怎样让学生使用计算机来处理信息呢？"

众人一惊，面面相觑。是呀，难道到了计算机时代，傅里叶变换、拉普拉斯变换就真的要没用了吗？这种分析连续时间信号与系统的好方法，还能继续推广到离散时间的信号与系统分析吗？

（全书完）